焦虑心理学

超实用自我疗愈手册

陈志林◎著

中华工商联合出版社

图书在版编目（CIP）数据

焦虑心理学：超实用自我疗愈手册 / / 陈志林著 . —
北京：中华工商联合出版社，2019 . 11
ISBN 978-7-5158-2594-6

Ⅰ. ①焦… Ⅱ . ①陈… Ⅲ . ①焦虑－心理调节－手册
Ⅳ . ①B842.6-62

中国版本图书馆CIP数据核字（2019）第220864号

焦虑心理学：超实用自我疗愈手册

作　　者：陈志林
责任编辑：傅德华　楼燕青
营销企划：王　静　徐　涛
装帧设计：鸿蒙诚品
责任审读：李　征
责任印制：迈致红
出版发行：中华工商联合出版社有限责任公司
印　　刷：三河市华晨印务有限公司
版　　次：2019 年 12 月第 1 版
印　　次：2019 年 12 月第 1 次印刷
开　　本：710mm × 1000mm　1/16
字　　数：251 千字
印　　张：16
书　　号：ISBN 978-7-5158-2594-6
定　　价：49.00 元

服务热线：010-58301130
销售热线：010-58302813
地址邮编：北京市西城区西环广场 A 座
19-20 层，100044
Http：//www.chgslcbs.cn
E-mail：cicap1202@sina.com（营销中心）
E-mail：gslzbs@sina.com（总编室）

知名心理学家，

西南大学心理学部博士生导师、教授　张进辅

联合国人权理事会专题报告员候选人（特殊群体保护），

西南政法大学教授、博导　朱颖

西南大学国家级实验教学示范中心主任，

教授、博士生导师　赵玉芳

西南大学附属中学研究员　刘晓陵

——联合推荐——

序 一

滚开，讨厌的焦虑

生命里最大的杀手是忧愁和焦虑。痛苦源于不充实，生活充实就不会胡思乱想。

——星云大师

后悔过去、不满现在、担忧未来，这是一个焦虑的时代！

“老婆和女儿在旁边安静地睡着，而我却翻来覆去，胡思乱想，根本无法入睡。工作还是没着落，心里着急，不知道该怎么办。又到月底还房贷的时候了，钱从哪里来？女儿的奶粉、尿不湿、玩具、衣服，处处要花钱，手里的钱根本就不够用。小区停车费都交不起了，今天还停在人家的车位上。想想真是到了山穷水尽的地步了。我觉得自己快要撑不住了！”

“已经快晚上10点了，老公还没有回来，我坐立不安，心急如焚。我已经打过三个电话了，知道他最近很忙，在加班，可心里面却总是莫名其妙地冒出一个念头：他办公桌对面那个叫小丽的女同事一定也在加班，他们会不会有什么事？”

“真要命，最后期限就快到了，而我们手里的这个项目才完成了一半。而且案头还有一些其他的工作等着我去做，就是加班也不一定能够做完。我快要崩溃了……”

随手点开朋友圈，好友的任意一个炫耀帖都会让我心里堵得慌。我不想看这些，可就是忍不住，甚至还会违心地点上一个赞。

生活得很累，总是感到很焦虑！这是许多人的心声。在繁忙的生活中，压力、疲劳、挫折、迷茫、不甘，容易使我们陷入焦虑的泥潭。

在智联招聘发布的《2017新锐中产现状调研报告》中，数据显示，有超过三分之一的人出现了轻微甚至严重的失眠现象。高达95%的中产人士会感到经常焦虑或偶尔焦虑。其中，71%的中产人士对未来的不确定性是他们焦虑感的主要来源。另外，有46%则来自于对现实的不满。这是对近5万名职场人士调查的结果。这些人主要集中在互联网、金融、房地产等行业；地域分布上主要在北上广深的一线城市。他们中“80后”人数最多，占比52%；其次为“90后”和“70后”，占比分别为35%和8%。

焦虑已经成了现代人心理健康的超级杀手，给人们带来了巨大的痛苦和折磨。它的可怕之处在于来自内心，而且非常顽固，持续不断。人最难战胜的是自己，而焦虑正是源于自己。面对竞争对手或者敌人，我们可以发狠，可以果决，可以毫不留情地出手，可是对于自己内心或者潜意识中生出的“敌人”，我们往往无能为力，不知所措，甚至是深感绝望。

焦虑具有一个显著的特性：你越对抗，它越强大；你越想赶走它，它越黏紧你。许多饱受焦虑折磨的人都会有这种深刻的体会。

焦虑还具有一定的隐蔽性，它就像注入心灵的一针毒剂，缓慢地发挥作用，直到毒素浸入血液，流遍全身。当它突然发作时，我们才惊觉自己已经在某种变化莫测的不良情绪中沉沦，无法自拔。

焦虑的另一个可怕之处在于，它往往无法引起其他人的足够重视，因为它没有让人流血，没有让人发烧，没有像其他疾病一样具有可怕的外在表现，甚至那些先进的医疗仪器也无能为力，而只有焦虑者自己才能体会到其中的痛苦。

确实，焦虑非常普遍，而且让人生畏。但是，如果我们能够找到正确的应对之法，就能把情绪释放出去，为身体降温，让内心获得宁静祥和，从而摆脱焦虑的困扰。

本书为人们提供了应对焦虑之法。书中对焦虑的表现、危害、产生的原因等问题进行了深入的剖析和研究，并结合许多心理学专家的治疗经验和大量真实的案例，总结出了实用有效的摆脱焦虑的方法和技巧。

当认真阅读了这本书之后，我们再也不用无奈而愤怒地大喊“滚开，讨厌的焦虑”了，而是直击焦虑的本质，从内而外彻底地战胜焦虑，最终获得内心的宁静和幸福。

序 二

我们需要“消极想法转化器”

很多时候，焦虑来自于那些消极的想法。这些想法会把我们健康的心理和情绪封起来，让我们掉进痛苦的深渊。

想要完全杜绝消极想法很难，就算是世界上最乐观的、适应性最强的人也会偶尔变成自己消极思想的牺牲品。这是人的本性。

我们需要做的是不要试图去抗拒那些消极想法，而是要让它改道。让消极想法的能量改道流向积极想法。无论消极想法何时出现，只需在心理上建立条件反射，我们的思路就能自动流向与此相关的积极想法。就像巴甫洛夫的狗，一听到铃响，就会分泌唾液。当这个条件反射建立以后，焦虑就很难再光顾我们了。

在心理上建立条件反射，我们需要一个“消极想法转化器”（如表1所示）。当消极想法出现的时候，我们就可以用这个转化器让想法由负转正。

表1　消极想法转化器

消极想法	转化	积极想法
这真是太不公平了。	→	从个人和短期的角度来看，生活有时候的确是不公平的，但如果从更宏观和长远的角度来看，一切都很公平，得失之间，充满平衡。
我是个失败者。	→	这只是一个小意外。失败是因为操作失误，而不是我的能力有问题。只要吸取教训，我会在下一次做得更好。
这实在无法忍受。	→	也许事情并没有想象的那么糟，我只要换一个角度看就可以了。
这都是我的错。	→	很多时候，出现问题是由于客观原因和运气差导致的。其实，现在最需要做的不是自责，而是想办法让情况逐渐好转。
我不知道该如何去应付。	→	相信自己，我一定能学会如何更好地应对这种情况。
我必须要抗争。	→	与其去和眼前的难题进行没有意义的抗争，还不如多抽点时间去关注我自身，那对我会更有帮助。
每一天都像是一个巨大的挑战。	→	我正在学着放慢处理事情的脚步，抽出时间来关注我自己，来做一些能促进自己成长的小事情。
我感觉自己快疯掉了。	→	这只是我没有控制好自己罢了。这种感觉和发疯之间并没有什么关联。其实，焦虑和“疯癫”之间相差甚远。
为什么我不得不去面对这一切，而其他人的生活看起来总是更加轻松惬意？	→	生活就是一所学堂。虽然我现在走上了一条更艰辛的路——选了一门更难的课程，但这并不是我的问题。事实上，逆境给了我更多的体验，能让我变得更加坚强。

消极想法	转化	积极想法
我怎么这么倒霉，偏偏让我遇见这种情况。	→	一切都是最好的安排。幸好不是让我最难以接受的事情发生。
如果这种感觉一直持续下去，永远都不会消失，该怎么办?	→	我总有一天能对付它，没必要把这种焦虑投射到未来。
一想起那件事我就怒火冲天，恨不得杀了他。	→	学会忘记，穿越痛苦，放下怨恨更容易让我获得平静。我为什么要用别人的过错来惩罚自己呢?
我这么做，别人会怎么看?	→	很多时候，别人更在乎和关注自己，而不是他人。我只要确认自己做得对，就不用太在意别人的看法。
我总觉得比别人差。	→	每个人都有自己的长处，没有必要去和别人比，只要做好我自己就行了。

目录

第一章　焦虑是心理疾病，它比想象的更可怕

第二章　为了重获安宁和美好，要努力看清它

第三章　心理学家对焦虑的经典阐述

第四章 广泛性焦虑：你所担心的事99%都不会发生

第五章 职场焦虑：你的努力，永远不会白费

第六章　婚姻家庭焦虑：殿堂还是坟墓，关键在于经营

第七章　社交焦虑：有一种快乐，叫作沟通与交流

第八章　特定恐惧：焦虑的极端表现

第九章　突破焦虑思维，走出情绪死循环

第十章　冥想，为心灵“排毒”

第十一章　专业“工具”：让你走出焦虑的系统方法

第十二章　用锻炼和饮食来缓解焦虑

第一章

焦虑是心理疾病，它比想象的更可怕

焦虑是现在一种很普遍的社会现象。许多人处于焦虑的“辐射圈”内，逐渐地从边缘被吸引向中心。他们感到压力巨大、惴惴不安、莫名恐惧，从而饱受煎熬。这给人们的心理和身体健康造成了很大的伤害。于是，缓解焦虑，走出焦虑成了人们的共同愿望。

焦虑是一种“流行病”

焦虑是一个世界性的问题。国际知名广告公司“智威汤逊”曾经对全球27个国家及地区的消费者进行过一次调查，结果显示：平均有71%的人处于焦虑状态，而且每个国家人的焦虑程度有很大的差异，其中美国为76%、日本为83%、韩国为78%、俄罗斯为68%、中国为57%。

通常而言，人体的健康包括两个方面：一个是生理健康，另一个是心理健康。二者相辅相成，彼此影响。在实际生活中，人们往往只注重生理的健康，而忽视心理的健康。其实，心理的问题也会像病菌一样侵扰人的机体，摧残人的心灵。焦虑就是当今时代变幻大潮中出现的一种现代心理流行病。

珍妮是一位中学教师。最近，很多烦心事让她感到疲惫不堪。渐渐地，她对出现在限制较多的公众场合感到不舒服，甚至担心其他人会对她的这种状况产生不好的看法。生活中，如果没有朋友或亲人的陪伴，除了当地的小超市之外，其他地方她都不敢去。而且，她还严重怀疑自己的工作能力。她一直强迫自己投入到工作中去，但只要一站上讲台，她就会感到莫名地恐慌，有一种想要马上离开的冲动。这种状况，她以前从来没有出现过。

詹姆斯担任软件工程师一职已经5年了，一直没有得到升迁。对此，他感到十分郁闷和沮丧。渐渐地，他变得沉默了。即使坐在座位上，他都觉得很不舒服，更不用说发表见解了。有一天，经理告诉他第二天要召开一个项目协调会，让他到时候介绍一下自己负责的那部分工作。听到这些，詹姆斯感到非常紧张。他想到了辞职，但一想到下个月房贷的账单，便只好硬着头皮告诉经理他到时候会进行详细的介绍。

34 岁的万尼卡最近常常失眠，烦闷不堪，暴饮暴食。这种状况出现在一次同学聚会之后。当她听到某某同学身家千万，某某同学成了著名的律师，某某同学嫁了一个有钱的好老公……再看看自己，三十多岁了还是一名小职员，更要命的是，听说公司因为收缩规模要裁员。丈夫的收入也不高，孩子上学需要钱……

看到同学们一个个都这么有出息，挣扎在生存线上的万尼卡心里产生了严重的失衡……

这些都是典型的焦虑症状，并且不是个例，而是一种非常普遍的社会现象。焦虑是一种非常糟糕的情绪，是一种预感到即将面临不好境地的担忧、紧张、不安和苦闷感。它像一个看不见的幽灵，不请自来，躲不开，避不掉，让人备受煎熬。

通常而言，焦虑具有以下显著的特征：

一是与处境不相称的痛苦情绪体验，为没有确定的客观对象、具体而固定的观念内容提心吊胆；

二是精神运动性不安，比如坐立不安、来回走动，甚至奔跑喊叫，也可能表现出不自主的震颤或发抖；

三是伴有身体不适感的植物神经功能障碍，比如出汗、口干、胸闷气短、呼吸困难、心悸、恶心呕吐、尿频尿急、头晕、全身尤其是两腿无力等。

另外，需要注意的是，焦虑具有一定的隐蔽性。患有焦虑症的人非常痛苦，但外人往往无法察觉。比如，有这样一个报道，在洛杉矶的一个富人聚集区内，住着一位贵妇人。她每天牵着名贵的爱犬到处溜达，显得十分轻松惬意。然而，没过多久，这位贵妇人却自杀了。据说是因为什么事想不开。

为什么现在焦虑的人那么多，现象那么普遍呢？这是一个复杂的问题，有各个方面的原因。

从社会的角度来说，一是各种竞争越来越激烈，人们的生活压力增大，比如经济保障不完善、失业威胁、食品安全问题、环境安全问题等，都给人们的心理和情绪造成了巨大的影响；二是贫富差距拉大，社会阶层逐渐固化，个人想有所作为的难度越来越大，人们的内心不平衡感逐渐加深。

从个人的角度来说，一是物质生活的提高，激发了人们的欲望，而人的欲望又是无止境的，根本不可能得到彻底地满足，如此焦虑必然会产生；二是信仰的缺失，很多人没有真正的信仰，把灵魂附着在物质上面，从而失去了更高层次的精神追求，这很容易让人产生空虚感，伴随而来的就是焦虑。

焦虑了，就无法集中注意力了

我今年23岁，从事软件开发工作。最近在工作中总是无法集中精力，这件事还没做完，想去做另外一件事，结果什么事也没做好。而且我的记忆力正在逐渐减退，瞬时记忆也不好。比如看书，看完下一句就忘了上一句，总感觉浑浑噩噩的，脑子一点也不清晰。别人说的话不能马上理解，反应慢半拍。但是对生活中见了什么人或者谈论了什么等这些琐事，我却能记得一清二楚。我这是怎么了？

我是一名高中生，在听课、写作业的时候，我根本无法集中全部注意力，经常会不由自主地走神，就算不走神也感觉自己的思绪很乱，把握不住。

我什么事都不想做，哪怕是看一部想看的电影、书籍，了解自己喜欢的东西，都会觉得很麻烦，甚至有时连洗脸、吃饭和在社交论坛上发言，我都懒得做。

晚上，我经常会胡思乱想，根本睡不着觉。

我经常会因为一点担忧或不满就变得特别焦虑，我的大脑乱作一团，根本无法思考。每当这时，我什么都干不了，只能让自己慢慢地平复下来。在这一过程中，我心里会堵得慌。

我本身性格就很内向，还有点封闭，我该怎么办？

无法集中注意力，容易分心，这是焦虑产生的危害之一。这会给人们的生活、工作和学习带来巨大的影响。不管干什么事情，人必须要集中精力，否则很难有好的结果。

其实，很多时候不是焦虑导致我们注意力不集中，而是对焦虑的恐惧导致了我们的注意力不集中。“焦虑本身并不可怕，可怕的是我们害怕它。”当我们感到焦虑、感到害怕时，就会患得患失，分散注意力。

要知道，人的注意资源是有限的。当有一部分资源被你用于焦虑时，你集中做事的注意资源就会相应地减少了，就出现了注意力难以集中的状态了。焦虑本身是需要人的一部分能量的。只有当人处于一种自然、放松的状态时，其状态才会是比较好的。

人的大脑是最为复杂的一个器官，里面有着无数的神经通路。无论什么样的想法，都有可能从我们的脑海里迸发出来。而且，这往往是一个不由自主的过程。我们越是想要去克制，就越克制不住，反而会让自己的注意力全部集中在了克制杂念上，忘记了当下应该要做的事情。

实际上，要想克制杂念，关键是要学会调节和疏导自己的情绪，缓解焦虑的状态。这样才能对自己的想法有更好的控制力，避免出现过多的杂念。比如参加考试，如果太在意，太重视了，觉得这是决定人生命运的最关键时刻，你就会产生巨大的压力，出现焦虑的状态。这时，各种杂念会纷至沓来：考不好了该怎么办？别人会怎么看……如果此时你能放松一点，深呼吸一下，自我暗示考不好也无所谓，这样反而会缓解你的焦虑，集中精力，考出一个好成绩。

焦虑了，就失眠了

焦虑往往会引起失眠，甚至是严重失眠，这是非常糟糕的事情。从未失眠过的人是很难体验到这种折磨人的痛苦。

一个人只要产生担心、紧张、害怕等情绪，往往会放大这些情绪，而放大器就是联想。越联想越焦虑，而焦虑又会使得联想更丰富，这样就会形成一个恶性循环，导致人很难入睡。

玛丽大学毕业后，在一家公司做数据库维护工作。有一次，由于疏忽造成了失误，她遭到客户投诉，上司严厉地批评了她。

此后，玛丽总担心自己会再次犯错，每天晚上都在想这些事情，紧张、焦虑，很晚都不能入睡。早上起来后，她感到很疲惫、头昏脑涨。她意识到自己的睡眠出现了问题，于是就努力克制自己不去想那些事，希望能尽快入睡。但越是这样，那些想法和压力就越不受控制地涌现出来。后来，她已经不是担心自己是否会犯错了，而是害怕自己睡不着觉了。

她向朋友请教了许多改善睡眠的方法，比如睡前喝牛奶、听听舒缓的音乐、把红窗帘换成天蓝色的等。她一躺到床上，心里总想着：我一定要睡着，一定要睡着……但是，她越这样想越是睡不着，反而把自己弄得更加焦虑烦躁。

这种情况已经持续了 3 个月，让玛丽痛苦不堪。

失眠，是一个人的大脑长期累积的焦虑造成的。长时间暴露在焦虑下，大脑会分泌一种叫作“儿茶酚胺”的应激荷尔蒙，导致大脑更容易紧张和不安。在这样的大脑操控下，同样一件事，其他人还没感觉到焦虑的时候，这些人就已经非常焦虑了。比如玛丽，因为害怕再次犯错，每天晚上都在想这件事，不停地胡思乱想。这就会加剧“儿茶酚胺”的分泌，必然会导致失眠。

联想作为失眠的主要驱动力，主要分为内部的和外部的两类。针对内部感受的联想，主要是对不能入睡的过度关注，而后即发生恶性循环：越想努力入睡，就会变得越激动、越紧张，更不能入睡。如果能放松下来，比如看看电视，读一本书，转移一下注意力，这样就容易入睡了。

而外部因素引起的失眠，常发生于由睡眠相关的行为或状态所致失眠的持久联想，比如患者刚刚躺在他经常度过不眠之夜的卧室里，即可引起条件反射——在这里根本就睡不着。有了这种先入为主的想法，想要入睡就非常难了。如果能换一个睡眠环境，也许情况就会好很多。

失眠很痛苦，其危害也很大。特别是长期失眠会使人衰老得很快，各种身体问题也会接踵而至。

焦虑了，脾气就大了

脾气大很可能与焦虑症有关。焦虑症使人脑的血清素分泌下降，而血清素掌管着自控力与食欲。如果焦虑症严重了，人的胃口就会变差，同时还会产生暴力倾向。

我焦虑易怒，脾气越来越暴躁，一生气就有砸东西或者打人的冲动。我知道这样很不好，常常告诫自己要控制，但总是控制不了。我时常感到惶恐、害怕。我向往热闹但怕吵闹，喜欢独自关在房间但又感觉孤独，对未来有向往但又感觉心很累，很无助……

这是一位焦虑症患者的倾诉。由于焦虑而产生的坏脾气让他吃尽了苦头，只能通过哭泣来缓解这种煎熬。脾气大，动不动就发怒对任何人来说都不是好事。

脾气大对身体有很大的伤害。

对大脑的伤害：生气时，由于大脑过度兴奋，会使血压升高，头痛、眩晕，严重时会使脑血管破裂发生脑溢血，或由于脑血管收缩、管腔狭窄、血液黏稠形成脑梗死等。

对肝脏的伤害：生气时，肝解毒功能下降，肝胆代谢失常，易发生肝胆管结石、胆囊炎、糖脂肪代谢紊乱，诱发肝炎、肝硬化。

对心脏的伤害：生气时，可使冠状动脉收缩，心跳加快，心肌缺血、缺氧，而出现心绞痛、心肌梗死、心律失调、心衰，严重时导致猝死。

对胃的伤害：生气时，胃肠痉挛收缩，胃酸分泌增多，会导致胃黏膜缺血、糜烂，出现胃灼烧、胃痛、胃食道反流，发生胃溃疡、胃穿孔，胃出血。

对皮肤的伤害：生气时，面红耳赤，血液中的毒素增多，不少人会出现皮肤过敏、荨麻疹、瘙痒、皮肤色素沉着、脱发、毛囊炎等问题。

对免疫系统的伤害：生气时，会阻碍免疫细胞的正常运转，使免疫功能下降、抵抗力减弱，易感冒，白细胞下降，常发病并过早衰老。

脾气大还会严重危害人际关系。

人人都有心情不好的时候，此时如果对着自己身边的人发脾气，虽然自己得到了宣泄，但是他人却会因此受到伤害。

对工作人际关系的危害：如果在工作中，遇到一些让自己看不顺眼的事情或者吃了小亏，就不服气地叫嚷出来，不顾场合地发泄自己的郁闷情绪，这样会让同事感觉莫名其妙，让领导反感，就算自己以后再努力，估计也很难得到晋升了。

对交友的危害：大家都不喜欢坏脾气的朋友，而是喜欢性情温和、有耐心、随和的人。所以，脾气大的人的朋友通常很少。

对家庭关系的危害：亲人很关心、在乎我们，但如果我们随心所欲地乱发脾气，说出的话很伤人，这只会让亲人沉浸在痛苦的阴影中。

所以，我们必须要努力缓解焦虑，控制好自己的脾气，调节好自己的心态。

焦虑了，各种疾病就来了

2009年下半年，刚刚毕业的我面临着很多的事情，找工作、考雅思，而且女朋友也一直在给我施加压力。那段时间，我经常感到头疼。我觉得自己整个人的状态非常不好。

2010年的一天晚上，我在没有做任何准备活动的情况下，沿着盘山道一口气从山底跑到了山顶。到了山顶之后，我感觉自己的心脏在疯狂地跳动着。随之而来的是四肢和嘴唇的颤抖，然后渐渐麻木，这种麻木扩展到了全身。最严重的时候，不能说话，因为我根本感觉不到自己的舌头，全身都失去了知觉，都在抽搐。所幸，我的运气比较好，好心的路人将我送进了医院。医生给我做了全面的检查，结果发现我没有任何问题。

从那天开始，我再也无法正常入睡了，一晚上要醒来无数次，然后望着昏暗的天花板发呆。那种漫漫长夜的难熬程度无法言喻。白天，因为害怕会出现那天濒死的状态，所以我开始非常关注自己的心脏跳动，一点点的异常都会让我紧张万分。这就是个恶性循环，感觉自己每天都好像生活在一种濒死的状态里。那时，我很想知道自己的病因到底是什么，就不停地上网查找。通过百度搜索，查看所有与自己的症状相关的信息，然后就开始看中医、吃中药。然而，我的症状并没有好转，反而在生活中出现了越来越多的障碍，不能自己待在家里，不能出门太远、太久，睡不着觉，吃不好饭，各种不适袭来，本来65公斤的体重迅速降到了50公斤……

这是一位朋友的亲身经历。虽然最后通过艰苦的努力治好了焦虑症，但当时发病时对身体的巨大伤害仍然让他心有余悸。

焦虑症是一种具有持久性焦虑、恐惧、紧张情绪和植物神经活动障碍的脑机能失调，常伴有运动性不安和躯体不适感。长期的焦虑会给机体带来很多危害，严重者会造成植物神经功能紊乱。

焦虑症导致的疾病比较多，主要有以下这些：

慢性咽喉炎、口腔溃疡；

肠易激综合征、结肠炎、慢性胃炎；

神经性头痛、头晕、头昏、失眠、多梦；

多汗、虚汗、盗汗、怕冷、怕风；

心脏神经官能症、胃神经官能症；

颈部僵硬、关节游走性疼痛、幻肢痛；

记忆差、反应迟钝、神经衰弱；

早泄、易感冒、免疫力低下。

更为可怕的是，焦虑会增加死亡率。有些人是因为焦虑而得了绝症，最后突然死亡；而有些人则是实在忍受不了焦虑带来的痛苦，最后选择轻生。

焦虑的危害可见一斑。当然，焦虑产生的原因比较复杂，工作压力巨大是一个方面，另一个方面也在于个人心理素质、性格特点以及生活习惯的影响。总之，我们要提防焦虑。

注意，这几种人最容易焦虑

前面我们讲述了焦虑对人产生的危害，接下来我们来看一下哪些人或者哪些行为容易导致焦虑的产生。

一、从性格的方面来说，最容易产生焦虑的人

1. 追求完美的人

这类人对自己要求很严格，只要是自己所做的事情都会力争做到完美。他们往往会把全部精力都投入到所做的事情上去。这本应该是一个很好的品质，但从另一个角度来说，则说明他们有很强的占有欲和控制欲。在临床上常称这些人具有强迫倾向。过分追求完美的人在某些事情未完成时会产生相当强烈的焦虑感，觉得浑身不对劲。如果碰到什么事没法马上做完时，他们就会非常紧张。与别人一起做事时，如果别人没有按照他的标准来做，他也会觉得很不舒服。这样的人往往更容易焦虑。

2. 性格不稳定的人

这类人的主要特点是急躁、多虑、多思、敏感。比如，有的人性格很暴躁，这种暴躁的行为表现是焦虑的发泄途径；有的人性格内向，容易生闷气、不高兴，这也是焦虑的发泄途径；有的人看上去很平静，却极易嫉妒别人，喜欢搬弄是非，容易因别人的成功而产生痛苦和不愉快，这也是焦虑的发泄途径；有的人很善良，不会因外界的各种因素而生气，但他们却多愁善感，做事情总为别人考虑，从而忘记了自己的生活追求，他们生活在自相矛盾之中，这也是焦虑的发泄途径。

3. 自卑的人

这类人非常缺乏安全感，总觉得自己处处不如别人，认为自己的容貌、身材、口才、学业成绩、体能状况等都不好。由于这种不好的自我认知根深蒂固，每当与别人相处时，这种想法就会不由自主地涌现出来，使其无法放松地来与别人交谈或交往。过分自卑往往易发展为社交焦虑障碍。

4. 过度关心自己的人

这类人通常以自我为中心，对自己的健康状况非常关心。当他们发现自己的身体有任何异常时，就会感到非常紧张，甚至恐惧，而且会立刻采取各种医疗行为。即使一些轻微的不适，比如头痛、颈酸、腹痛等，也会引起他们对严重疾病的强烈恐惧联想，并有可能发展成严重的焦虑障碍。

二、从行为的角度来说，最容易产生焦虑的人

1. “工作狂”

一项新的研究表明，与具有较好的工作、生活平衡能力的人群相比，工作狂更容易发生精神健康障碍。

研究人员对 16500 名成年工作者进行了调研，他们的平均年龄为 37 岁。其中男性 6000 人，女性 10500 人。

研究结果显示，三分之一的工作狂表现出多动症，非工作狂的多动症比例则为 13%。工作狂中，26% 的人表现出强迫症迹象；而那些能够较好地平衡生活与工作的人中，则只有 9% 的人表现出强迫症迹象。

此外，工作狂的焦虑症风险明显偏高，达到 34%，而那些能够较好地平衡生活与工作的人则为 12%，前者的患病概率是后者的近 3 倍。研究人员发现，就抑郁症风险而言，工作狂的概率为 9%，正常工作者的概率为 3%，前者也是后者的 3 倍。

2. 坐得太久的人

坐得太久的范围比较广，除了久坐之外，还包括看电视，在电脑前工作以及打电动游戏等行为。曾经有一项研究发现，“坐得太久”这种低能量消耗的活动与焦虑风险增加具有相关性。

这个项目共有 9 项研究议题。在研究过程中，研究人员特别关注了久坐行为与焦虑之间的关系。最终发现 9 项研究结果中，有 5 项研究证明久坐行为的增加与焦虑发生风险增加存在相关性，有 4 项研究发现总的就坐时间与焦虑发生风险增加存在相关性。

总体而言，这项研究表明久坐与焦虑的发生之间存在关联，而这种关联性可能与睡眠障碍、较差的身体状态有很大的关系，因此减少久坐时间或对降低焦虑产生的可能性有一定的帮助。

三、从生理的角度来说，最容易产生焦虑的人

1. 更年期人群

更年期人群是焦虑症的高发人群，而且女性的病症比男性更明显。睡眠不好、心烦、盗汗、女性月经失调等更年期症状，都容易引发焦虑。因更年期病人可能还伴有心脑血管疾病、糖尿病等病症，焦虑就表现得更为厉害。

2. 产妇

由于体内激素发生变化，产妇容易出现焦虑症。这种病症的典型特点是情绪急躁、脾气大、抑郁，情况严重者甚至会出现一些极端的行为。

3. 经期女性

女性初来月经期间，容易出现青春期焦虑症；月经前期也容易出现焦虑症，其主要病症特点表现为易急躁或者冷漠、恐惧。

测一测你是否焦虑了

对于自己是否焦虑，焦虑到什么程度，我们可以通过焦虑自评量表（SAS）来进行评估和测量。焦虑自评量表是美国心理学家庄（William W.K.Zung）编制的，具有较高的科学性和准确性，被人们广泛使用。

这一量表包含20个项目，分为4级评分，请仔细阅读以下内容，根据自己最近一星期的情况如实回答。

填表说明：所有题目均共用答案，请在A、B、C、D上画“√”，每题只能选一个答案。

姓名：

性别：□男　□女

自评题目：

答案：A—没有或很少时间；B—小部分时间；C—相当多时间；D—绝大部分或全部时间。

1. 我觉得平时容易紧张或着急。　A　B　C　D

2. 我会无缘无故地感到害怕。　A　B　C　D

3. 我容易心里烦乱或感到惊恐。　A　B　C　D

4. 我觉得我可能会发疯。　A　B　C　D

*5. 我觉得一切都很好。　A　B　C　D

6. 我手脚发抖打战。　A　B　C　D

7. 我因为头疼、颈痛和背痛而苦恼。　A　B　C　D

8. 我觉得容易衰弱和疲乏。　A　B　C　D

*9. 我觉得心平气和，并且容易安静地坐着。　A　B　C　D

10. 我觉得心跳得很快。　A　B　C　D

11. 我因为一阵阵头晕而苦恼。　A　B　C　D

12. 我会晕倒或觉得要晕倒似的。　A　B　C　D

*13. 我吸气呼气都感到很容易。　A　B　C　D

14. 我的手脚会麻木和刺痛。　A　B　C　D

15. 我因为胃痛和消化不良而苦恼。　A　B　C　D

16. 我经常要小便。　A　B　C　D

*17. 我的手脚常常是干燥温暖的。　A　B　C　D

18. 我会脸红发热。　A　B　C　D

*19. 我容易入睡并且一夜睡得很好。　A　B　C　D

20. 我会做噩梦。　A　B　C　D

评分标准：

正向计分题，A、B、C、D 按 1、2、3、4 分计；反向计分题，也就是标注 * 的题目题号，A、B、C、D 按 4、3、2、1 计分。总分乘以 1.25，取整数，即得标准分。

如果测试所得标准分低于 50 分，说明很正常，没有患有焦虑症；得分为 50~60 分，则说明患有轻度焦虑；得分为 61~70 分，则说明患有中度焦虑；得分为 70 分以上，说明患有重度焦虑。

在完成上述心理测试后，相信我们对自己的心理状况会有一个大致的了解。这就可以很好地帮助我们远离心理障碍疾病的困扰，积极做好焦虑症的防治，更好地保护自己的心理健康。

第二章

为了重获安宁和美好，要努力看清它

焦虑产生的深层原因是什么？焦虑有什么样的运行机制？焦虑为什么会持续发作？弄清楚这些对缓解焦虑、走出焦虑至关重要。因为当一样东西不再神秘的时候，人们往往会有更大的勇气和把握战胜它。

焦虑是一种心理防御机制

很多人认为焦虑是一种非常糟糕的情绪。其实，焦虑并没有大家想象中那么不堪。从某种角度来说，焦虑是人体的一种防御机制。比如，我们预感到了某种危险正在向我们逼近，这时人的潜意识就会发挥作用，给予我们一种提醒、一种警告。但是，由于预感到的危险是模糊的、隐约的、不确定的，难以防范，于是我们就会不自觉地产生焦虑的情绪。

人体的生理反应是一种本能，不需要意识的参与。当然，意识也控制不了这种本能，就好像天热了我们就会通过出汗来散热，寒冷的时候身体就会通过颤抖来产生热量一样。但是，生理反应往往不能满足我们的一切需要，当人体的自主系统所不能满足的需要被意识到时，就会成为人们的欲望和各种行为动机。这时，我们就会知道热了要开空调或者冲个冷水澡，冷了要穿厚衣服或者使用暖气。但是，如果这种有意识的行为还不能达到满足需要的目的时，焦虑便产生了。

可以说，生理和心理的失衡是所有不愉快情绪产生的根源。每个人都讨厌不愉快的情绪，会以各种方式去修复它。有的人是克服障碍，改善自身能力和条件；有的人则选择降低欲望或采取合理化解释，来给自己一个台阶下。如果无法做到这些，就难以恢复心理的平衡和宁静。当消极情绪包括焦虑等积累和强化到了一定程度时，就会产生严重的精神、心理疾病，甚至导致自杀等极端行为。

焦虑是一种常见的情绪状态，是一种内心紧张不安、预感到似乎要发生某种不利情况而又难以应付的不愉快情绪。通常来说，在心理学中人们会把有明确对象的不安、担心和忧虑称为恐惧，而把没有明确对象的恐惧称为焦虑。也就是说，焦虑是根本找不到目标的恐惧，它表面上比恐惧的程度要轻，但正因为它没有清晰的对象，没有明确的方向，所以才会使人更加惶恐、无措。事实上，焦虑感给人们带来的心理困扰毫不亚于恐惧感。

虽然没有人愿意受到焦虑的折磨，但是，我们必须正视它，不能忽视它的作用。焦虑并不仅仅给我们带来危害，它也有好的一面。它可以时时提醒我们，使我们随机应变，随时防御所面临的危机。

适度焦虑与过度焦虑

我们可以将焦虑划分为适度焦虑和过度焦虑。适度焦虑是危险来临之前的警笛，它能够让我们时刻保持警惕，并主动寻找解决方法。从这个角度来说，焦虑是“护盾”，是“良药”，它的发作是为了保护我们的心灵，它会殚精竭虑地为我们排查一切有可能存在的危险，虽然它会令人感到非常不愉快。不妨回想一下曾经让自己烦躁不安、受尽折磨的经历，我们会发现，那些痛苦和折磨只是为我们敲响了危险的警钟，就像汽车上闪动着的“汽油不足”的警示灯一样，能够提醒我们做好准备，未雨绸缪。如果我们忽视了这个提醒，继续向前行驶，就会出现油尽车停的结果，很可能让我们处在前不着村后不着店的尴尬境地。

此外，适度焦虑不仅能促使我们未雨绸缪，防患于未然，也可增加我们抵抗不良刺激的能力。在略微感到焦虑的情况下，我们的大脑会保持高速运作。它会成为一种动力，刺激和督促我们努力做出改变。

但是，如果我们放任适度的焦虑情绪，任其自由发展，它就会像一匹脱缰的野马一样失去控制。这时，我们就会出现过度焦虑。过度的焦虑，那简直就是一场灾难，相信没有人会愿意主动去尝试。过度焦虑大多源于自己太过敏感的心理，所以即使不幸的事情离自己很远，也会感到烦躁不安。

其实，焦虑符合许多行为动机的共同特征：当动机适量存在时，工作效率和进度会随着动机程度的增加而增加。一旦超过顶峰状态，过强的行为动机反而会阻碍工作的进展。焦虑也是如此，适度的焦虑会使我们淋漓尽致地发挥潜力，过度的焦虑却又会使我们衰颓丧志。

那么，如何判断是否属于过度焦虑呢？判断的指标有 3 个：焦虑的范围、焦虑的作用和焦虑的强度。

一、焦虑的范围

我们应该对自己所面临的焦虑做出正确的判断，看它是否合理，是否已经超出了威胁所涉及的范围。有些事情与我们无关，却让我们感到忧心忡忡；还有些则是曾经发生过的不幸的事情，而我们则为“打翻的牛奶”一直在哭泣。这些都是不必要的过度焦虑。

下面是一些例子：

有位同事由于工作出现了严重失误被解雇了，而处于同一部门的我却开始惶恐不安，认为自己也面临着被解雇的风险；

有位消防员，在参与了一场非常严重的救火行动之后，每晚都受到噩梦的困扰，总是被那些大火蔓延的可怕梦境所惊醒；

有位刚毕业的学生因为担心第二天的面试不能通过，于是整晚都睡不着，一直看着天花板想象着面试的场景。

这些都属于过度焦虑。其实，对于那些与我们无关的事、已经过去的事、自己无法把控的事，我们根本不用管那么多，我们只要做好当下的事情就可以了。

二、焦虑的作用

刚开始时，焦虑可以提醒我们为临近的危险做好准备并积极地采取行动，以此改变事态的发展趋势。但如果焦虑不受我们的控制，开始肆无忌惮地发展壮大，当它达到极致时，它的作用就改变了。它会麻痹我们的神经，蹂躏我们的感受，摧残我们的心理，让我们变得消沉，做出不理智的选择。

而这些从本质上改变了焦虑的积极作用，都属于过度焦虑。

三、焦虑的强度

对于焦虑的强度，我们可以用游乐园给人的感受来做比喻。游乐场为什么能吸引人？因为它是在可以控制的情况下，给予了人少量焦虑的刺激，使人享受到了焦虑消逝时的欢畅。比如我们在乘坐海盗船、过山车时，能够在“最危险”的状态下，体会到一种恐惧感，而这恰好能够刺激我们的神经，让我们兴奋。情节紧张刺激的小说、冒险探奇的电影之所以很受欢迎，原因也在于此。因为读者或观众自知短暂的焦虑无切身之害，所以可以尽情享受焦虑的刺激，体验兴奋和快乐。相反，如果游乐场的游戏真的有生命危险，那就不会有人去玩了。因为这已经属于过度焦虑，没有人会喜欢这种体验。

适度的焦虑可以让我们的头脑更加清醒，甚至能给我们带来一丝刺激。但如果焦虑过度，那就会给我们带来心理疾病了。

过度焦虑会令我们惶惶不可终日，会阻碍我们前进的脚步，让我们对自己、对生活失去信心，让我们无法从容应对生活中的各种局面。如果我们被这些过度焦虑不断地折磨，就会产生一种恶性循环——过度焦虑必定会使我们的生活无法按着正常的轨迹运行，而我们生活中的不顺又会给我们带来更多的焦虑，这必然会使人陷入更加惶恐不安的境地。

焦虑是我们与生俱来的一部分

我们必须坦然地面对焦虑，这一点非常重要。美国著名心理学家罗伯特·L.莱希博士指出：要认识焦虑，首先我们必须明白一点，它是我们与生俱来的一部分。

从原始社会开始，我们的祖先就生活在一个充满各种生命危险的世界中：猛兽的袭击、自然灾害的降临、饥荒、有毒植物、敌对部落等。在应对这些危险的过程中，人类的心理得以逐步进化，逐渐拥有了某些躲避危险的能力，而恐惧就是这些能力之一。恐惧情绪的产生，其实就是一种自我保护的反射。恐惧就是预警，让人们有一个心理准备，告诉人们危险就要来了，赶快采取措施——逃跑躲避或者积极应对。这些恐惧是对环境的适应——它们真的是从原始时代遗传下来的生存本能。

总而言之，我们是在按照一套早已经深入基因里的“规则”运行。进化将这些规则深深地嵌入我们的身体里，保护我们远离危险。它们就如同安装在我们大脑中的软件——这套软件已经运行了几百万年。每一种直觉都告诉我们：遵循它，就能让我们安全。

然而，需要注意的是：我们不是生活在原始社会，那些从远古时代遗传下来的恐惧已不再具有适应性。因为我们现在所面临的主要挑战已经与生活在远古时代的祖先们大相径庭了——尽管我们大脑的运转方式似乎并没有太大的改变。

对现在的我们而言，也许反其道而行才是正确的。我们不被焦虑掌控的方法就是挑战这些“规则”——有效地重写规则。这需要我们去审视，这些“规则”是否基于非理性的信念。如果我们不加思考，非理性信念就会对我们的思想和行为产生隐蔽却异常强大的影响。

我们必须明白，只要勇敢地向这些信念发起挑战就能修正焦虑规则，即使这些规则已经牢牢地根植于我们的大脑深处。为什么我们能够确定自己可以做到这一点？那是因为，自然在赋予我们某些本能的同时，还赐予了我们另外一种能力——理性，以此来修正我们那些基于经验的直觉。这是治疗焦虑的关键所在。

如果面临焦虑和恐惧时，我们只是告诉自己要保持理性，那是没有用的。许多人已经有过这样的体验，越想不焦虑，反而会越焦虑。即便我们知道或被告之某种恐惧是非理性的，某些担心是不必要的，但恐惧感和担心并不会因此而消除，因为在规则面前，人的思维和情绪控制往往是脆弱的。所以，我们必须通过在理性的指导下反复体验来重新修订规则。当我们一次又一次地经历某种看似危险的情形却没有遭受有害的后果时，我们的大脑就会变得更理性且不那么害怕，焦虑的规则就会在潜移默化中得到修正。

这是一种学习的过程，会贯穿人的一生。我们只需要建立一个程序，在这个程序里，我们会定期体验到某种恐惧，但知道自己是安全的，随着时间的推移，我们的恐惧感就会慢慢降低。其实，我们后面所讲述的很多治疗焦虑的方法，都是基于这一理念。

焦虑的两个内核：关切 + 威胁

焦虑有两个非常重要的构成因素：一个是威胁，另一个是关切。

焦虑源于我们意识到威胁的存在，这个威胁可能是致命的，但更多时候是非致命的，比如失业、病患、关系破裂等。它是我们对于未来的一种模糊不清的恐惧感，总是在向我们传递危险的信息。其实，这就是心理的防御机制在起作用。

关切是构成焦虑的另一个要素。没有关切，就不会焦虑。关切是指对人或事的在意。如果这一工作毫无意义，我们还有其他好的备选项，那我们对它的期望就不会那么强，失去它也就不会焦虑。再比如爱人的身体状况不好，我们担心他得了某种疾病，但他总是以工作忙为由不去医院检查，我们就会感到焦虑。但如果是其他不相关的人出现这种状况，我们一定不会焦虑，因为我们根本就不在意对方。

焦虑并不直接产生于某个人或某件事。有些事让我们倍感压力，但对别人而言却未必如此。我们的焦虑只与自己的状态相关，比如丢掉工作对一个人来说可能是毁灭性的打击，而对另一个人而言可能反倒是一种解脱。

如果没有往股市里投钱，那么你就不会去关心股指的涨跌；

如果我们的孩子还小，那么上大学的费用问题就完全不在我们的考虑范围之内；

如果这个项目和我们没有任何关系，那我们就不会在乎它的成败。

仔细想想，所有在我们生活中引发焦虑的情境——股指的涨跌、孩子的学费、项目的成败——都只是因为我们对这些事情的结果非常关切。

为什么理解这些如此重要？因为只有将焦虑追溯到那些让我们关切和感受到威胁的事物上，我们才能学会有区别地对待生活中那些容易引发焦虑的事情和人际关系。其实，很多事情都可以引发焦虑：选拔啦啦队员、带着血压计的医生、在厨房里发现蟑螂、后视镜中警察的身影、乳腺癌的报道等。这些事情有一个共性，就是它们都为我们生活的某些方面带来了某些潜在的威胁。也就是说，某件事对我们来说是重要的（关切），同时我们感觉到了一种迫在眉睫的危险（威胁），我们的焦虑就来了。但是，如果改变上述情景中的任意一部分——关切或威胁，那么整个情况就会随之大变。比如上面提到的那些事情，如果将情境中的某些方面做一些改变，我们就会发现情况完全不同了。

最好的朋友对我们说，她确定教练喜欢我们，所以我们一定能进啦啦队。

医生说，以我的年龄，这个血压已经很不错了，不必担心。

老公让我回卧室，由他来对付蟑螂。

当车靠边停好后，我们发现巡逻警车紧盯的是其他车辆。

我们得知乳腺癌的治愈率很高，而且我们的检测结果远好于此前的预期。

通过这些事例我们会发现，随着威胁得到消除或减弱，我们的焦虑也会随之降低。

理解了威胁和关切对于焦虑的影响，我们那些惯常导致焦虑的思维模式就会逐渐发生改变，而且我们也有了更足的战胜焦虑的底气。所以，当焦虑降临时，我们完全没有必要害怕，果断采取正确的干预方法就可以了。只要我们在威胁和关切之间改变任意一个，就能改变焦虑的体验，让焦虑最终烟消云散。

焦虑心理的运行规则

焦虑心理是如何运行的呢？它有怎样的运行规则？这对我们缓解焦虑，最终走出焦虑具有重要的意义。人们通常对未知的事物抱有恐惧心理，但是只要知道这个事物是什么，具有什么样的特性，恐惧感就会减小，焦虑也是一样。

通常而言，焦虑心理运行的规则有 4 条。

一、迅速检测危险

人们预感到危险的第一反应是尽快检测危险，以便于消除或者躲避它。比如，如果我们害怕蛇，就会敏锐地发现它们的存在；如果我们害怕被别人拒绝，就会很容易注意到别人在皱眉头，将模棱两可的面部表情领会为存有敌意；如果我们害怕疾病，就会特别关注有关疾病的话题。当我们严重焦虑的时候，就会对整个世界保持持续的警惕，永远生活在预警的边缘。

二、将危险放大

这是联想在发挥作用。人们会通过联想将预感到的危险放大。比如，在开会的过程中，如果某人对我们的意见提出了不同看法，我们会认为对方是故意的，从而想到在日常工作中要提防对方；如果皮肤上出现了一个黑点，我们会想到这可能是癌症的征兆；电梯爬升缓慢或是出了故障，我们会担心自己被困在里面。对患有焦虑症的我们来说，没有什么事是小事，任何的异常都会在我们的脑海里发酵，变成巨大的危险。

三、试图控制局面

预感到危险或者对自己不利的情况，人们往往会采取一些措施，试图去控制将要发生的事情。比如，我们认为自己的手接触过细菌，就会跑去洗手；我们认为自己在工作中犯了什么错，就会重返办公室，检查当天做过的所有工作；我们认为小偷会从窗户爬进来，就会反复检查门窗是否关好。

四、急速规避危险

预感到危险后人们除了试图控制之外还有另外一种选择：急速避开存在威胁的场景。比如，我们害怕考试，就会找各种借口请假；我们害怕在聚会上碰到某个人，就会干脆不去——或是如果已经在聚会上撞见了，就会马上选择离开。

焦虑心理运行的这 4 条规则是人的本能。只要产生焦虑，人们的思维和情绪就会不知不觉地沿着这些规则运行。如果能认识并熟悉这些规则，我们就掌握了战胜焦虑的主动权。

产生焦虑的八大诱因

焦虑症的发生，给人们正常的生活和工作带来了很大的影响。因此，我们要弄明白诱发焦虑的各种因素，做好焦虑症的预防工作，防止焦虑症的发生。

一、不安全感

安全感是决定心理健康的最重要的因素。在马斯洛的需求层次理论中，人的第一层次需求是生理需求，第二层次需求就是安全感。马斯洛认为，人的整个有机体就是一个追求安全的机制，人的感受器官、效应器官、智能和其他能量主要是寻求安全的工具，甚至可以把科学和人生观都看成是满足安全需要的一部分。可以说，安全感是自我实现的重要基础。如果感觉不到安全，焦虑就会出现。比如，马上就要失业了、漂亮室友对你的男朋友有好感、工作上的竞争对手获得了上司的赞扬，以上的任何一个情境都足以让你出现焦虑。

心理学家埃里克·埃里克森（Erik Erikson）在其著名的“生命发展八阶段”理论中指出，通过学会信任从而取得安全感是个体在生命头两年中最为重要的发展任务。此外，安全感对于人类来说如此重要还在于，根据研究发现，与坏消息已经得以确认相比，前途未卜、福祸未知、举棋难定的状态更加让人煎熬。

安全感和人的感知密切相关，而并非真实处境。如果我们感觉到自己的工作、婚姻、生活中出现了不确定性、有威胁，那么我们就会感到焦虑；与此相反，如果处在一个非常危险的境地而不自知，我们也不会感到不安全或产生焦虑。

二、无能为力感

无能为力意味着失控，没有办法，只能任由事态恶化。失控是对人的情绪的巨大考验，很容易诱发人的焦虑。

曾经有这样一个心理学实验：

研究者将参加实验的人分为两组，并告诉第一组的人，当他们待在这个房间工作时，隔壁将会传出对人体极为有害的巨大噪声，如果觉得难以承受，只要按一下墙上的按钮，噪声就能随时停止（实际上，这个按钮只是实验的一个道具而已，不会起到任何作用）；第二组与第一组的实验条件完全相同，唯一不同的是没人跟他们说过按钮这回事。

实验的结果是：

第一组的人完全正常地工作，没遇到任何问题，他们不仅没按过一次按钮，而且工作效率也与平时没有多大差别；

第二组的人则出现了很多状况，诸如工作失误，抱怨头痛、肠胃不适等，有些人甚至坚持不下去，直接请假离开了。

研究者通过分析得出结论：

怀着“我对所处环境是有控制力的”这一信念能让人们更乐于忍耐，幸福感更强；而无能为力的感觉则会引发人的焦虑感。

三、变化感

很多人面对变化会产生不安和恐惧，不愿意做出相应的改变。但现实情况却要求人们必须做出改变,否则就会发生糟糕的事情或者被淘汰。这种“不愿”和“必须”的矛盾就会让人产生焦虑。

变化意味着和现在不一样，有可能产生未知的风险，而且还需要付出努力。面对变化，大多数人会感到迷茫，不知所措，觉得适应很困难，不喜欢变化；只有少数人才会对变化充满期待，对他们而言，变化意味着机会。所以，这个世界上成功的人少，普通的人多。

适应变化，对已有的心理和行为模式、习惯做出改变，总是会让人感到不舒服和痛苦，进而焦虑不已。曾经有专家设计了一份量表——社会再适应评价，以测试人们对变化的反应。其结果显示：太多的变化会击垮一个人，让他们的生理和心理濒临崩溃。

四、追求完美感

追求完美是人的天性，是一种普遍的心理特点。但是，如果苛求完美，就会形成这样一种情景：如果一件事情没有做到令自己满意的地步，那么你必定是吃不好睡不好，总觉得心里有个疙瘩，很不舒服。要知道，很多事情是不能够达到完美的。在这种情况下追求完美，和自己较劲，只会让自己感到后悔、自责，从而更纠结，更痛苦，长此以往，必然出现心理问题，产生严重的焦虑。

五、角色冲突感

社会是复杂的，每个人不可能只是承担一种角色。当一个人承担的多种角色之间发生冲突时，就会导致焦虑、紧张、苦恼、效率下降等问题。这种冲突一方面是因为角色紧张引起的，另一方面是因为不同的角色规范相互矛盾所引起的。例如：当一个警察接到命令要逮捕自己的好朋友时，他就处于角色冲突之中。作为警察的角色，他必须执行命令；而作为朋友的角色，他要维护弥足珍贵的友情。这种两难的困境，就会让这位警察产生焦虑。

确实，只要处于角色冲突的情境中，个体必然会感到焦虑，这很正常。其实，焦虑意味着要改变，只要有了解决的办法，混乱就会被平静替代。

六、疑惧感

疑惧感就是由于疑神疑鬼、胡乱猜疑而产生的恐惧感。这是焦虑发生的重要诱因之一。疑惧感往往会放大所感知到的威胁，即使这种威胁并不真正存在。只要在心中产生了疑虑，就无法排除这种想法，总会不由自主地去想象威胁产生的严重后果，从而给精神和心理造成巨大压力，形成焦虑。

七、未完成感

在潜意识中，总感觉有什么事情没有完成，从而严重影响现在正在做的事，这就是由"未完成感"引发的焦虑。伟大的心理治疗师弗里茨·佩尔斯（Fritz Perls）开拓性地指出，人们需要完成他们的"未完成事件"以获取心灵的宁静。换句话说，除非将生命中最重要的事圆满完成，否则人们的心中将永无宁日。

确实，不管是谁，如果将床铺整理一半、草坪剪到 90%、文章就差个结尾、画作还有最后一部分就因为某种原因而不得不放弃，心里总会不舒服、不甘心，于是就会时常产生完成那件事的冲动。人们常说的"死不瞑目"，还有未竟的心愿，其实就是"未完成感"的体现。可以说，未完成事件具有打破我们平衡、扰乱我们宁静的天然力量。

八、崩溃感

几乎所有遇到心理健康问题的人都有一个共性：觉得自己目前的生活处在崩溃边缘。"我快要崩溃了"是他们的共同语。对于他们而言，他们已经不堪重负，无论是面临的境遇、人际关系，还是所处其中的冲突都让他们到了忍耐的极限，似乎再多一点儿都会受不了，完全垮掉。

崩溃感是严重焦虑症发作时的感受。患者会心乱如麻，六神无主，惶恐不安，有精神失控感，担心自己会"疯掉"。

以上是引起焦虑最常见的 8 种诱因，对我们了解焦虑，最终走出焦虑有非常大的参考和利用价值。

第二章

心理学家对焦虑的经典阐述

在心理学史上，焦虑是人们研究的重要课题。从弗洛伊德到马斯洛，从阿德勒到罗洛·梅，这些心理学大师对焦虑进行了深刻而细致的探究，从而给出了自己的解释和应对方法，相信会对大家学习和了解有所帮助。

克尔凯戈尔：存在即是焦虑

索伦·阿拜·克尔凯戈尔（Soren Aabye Kierkegaard）是丹麦哲学家、神学家、存在主义哲学的先驱。

1813 年，克尔凯戈尔出生于哥本哈根一个笃信基督教的富裕商人家庭。他的父亲在前任妻子弥留之际与家中女仆私通生下了他，此后他的父亲一直深感罪孽深重。父亲去世后，他们一家人由于担心受到上帝的惩罚而整日生活在焦虑、忧郁的氛围中。这场来自家庭的情绪瘟疫也影响了克尔凯戈尔的一生，他终身隐居，忧郁孤独。然而，这也促使他拥有了更多思考的机会。

“焦虑”这个概念最早出现在克尔凯戈尔的《恐惧的概念》一书中。他认为，焦虑是人在进行自由选择时，必然存在的一种心理体验。他说：“人在生命的旅途中处处面临选择，就像走一条新路一样，我们无法预见路的彼端究竟隐藏着何种危险，因而必然产生焦虑的体验。”克尔凯戈尔认为，人最大的焦虑在于“个人存在的彻底泯灭”。

关于焦虑产生的原因，克尔凯戈尔认为它和人的自我意识形成和发展有关：

“儿童的自我意识尚未形成，因此对儿童来说只有害怕而无焦虑，一旦自我意识形成，儿童就会有独立的倾向以及选择自己生活道路的意愿，焦虑也就随之出现。”

在人的自我存在上，克尔凯戈尔有自己的见解。他说：“人的自我并不是意识和思维，而是内在性和激情，自我实际上是人的心理体验，是心境，是情绪、情感和意志。当个人处于心理体验这种意识中时，最直接、最生动、最深切体验到的是痛苦、热情、需要、情欲、模棱两可、暧昧不清、荒谬、动摇等的存在。”

他指出，人是介于无限、永恒、自由和有限、暂时、受限，人性和神性之间未完成的东西，人是不确定的，处在不断地抉择和生成过程中。人的存在是建立在矛盾之上，存在于人内在的两极是不可调和的。他认为，调和是一种幻象，处于调和状态之中就意味着终结，而存在则意味着生成。

在此基础之上，他把人的存在划分为三个阶段：美感阶段、伦理阶段、宗教阶段。

处于美感阶段的人像莫扎特歌剧和拜伦长诗中的主人公唐璜一样，沉湎于欲望的满足，一旦眼前的欲望得到满足了，就会寻找下一个目标。可是在享受了尘世生活的喧嚣和骚动之后，很快就会被孤独、忧郁的情绪所包围。

克尔凯戈尔说：“唯美生活的结局就是满怀着孤独和痛苦死去。这种生活是精神的失落，是无限的空虚。处在唯美生活中的个人只能是焦虑而绝望的。”而绝望是一种致命的精神疾病，因为它会使人陷入虚无和沉沦。

处于伦理阶段的人，知道这世界处处设限，充满着不可能，所以他们就只有放弃，结果陷入另一种绝望之中。

由于在世俗社会中找不到精神的归属，人变成了“信仰的骑士”，背离人类和社会，开始踏上对内心信仰的朝圣之路，这就是宗教阶段。这时，人在理性上非常明白事情的不可能性，但正是这样，只有信仰宗教，人才能重获希望。

其实，克尔凯戈尔的理论向我们传达了这样一种观点：所有人的日常生活，如果没有宗教信仰的支撑让精神升华,那么其本质都是焦虑和绝望的。也就是说，所有人的自我从本质上来说是焦虑的，而解决这个问题的方法只有一个，那就是升华精神。升华之路首先是追求道德理想（伦理阶段），最终是皈依宗教（宗教阶段）。

在克尔凯戈尔之后，随着心理学的不断发展，各种派别林立，大家纷纷提出了各自对于焦虑的见解和观点。

弗洛伊德：内外刺激威胁自我产生焦虑

西格蒙德·弗洛伊德（Sigmund Freud），是奥地利精神病医师、心理学家、精神分析学派创始人。他很重视焦虑，并在深入研究后提出了自己的理论。

在研究的早期，他认为焦虑是由于性本能转变而来的，当力比多（libido，即性力，泛指一切身体器官的快感）能量的释放受到阻碍时，个体就会表现出焦虑性神经症。可见，本我是焦虑的根源。

到了研究晚期，由于弗洛伊德发现不同的冲动往往会产生同样的焦虑，因此他认为本能冲动并不能直接转化为焦虑。焦虑是人格结构中的自我、本我和超我出现矛盾和冲突的结果。由于自我受到现实、本我和超我的压制，所以就产生了焦虑。也就是说，内外刺激威胁自我是焦虑产生的根本原因。

弗洛伊德把焦虑分为现实焦虑、神经症焦虑和道德焦虑。

一、现实焦虑

现实焦虑又称为客观焦虑，是指个人感知到客观现实的实际危险和威胁而产生的焦虑。比如，如果我们发现自己正在被一个陌生人跟踪时，或者我们从一场交通事故中死里逃生时,就会体验到这种现实性的焦虑。这种焦虑多见于正常人，其危险或焦虑的原因来自外部世界，包括已发生的事，如亲人亡故，将要发生的事，如高考前夕等。弗洛伊德认为，“现实性焦虑就是对这种已经知道了的危险的焦虑。”只要采取一些必要的举措就可以从客观上解决这种焦虑。

二、神经症焦虑

神经症焦虑又称为多余焦虑，是指对某种尚不知道的危险所产生的过分的焦虑。这种焦虑多见于神经症患者。它往往是由于自我害怕不能控制本能冲动导致不良后果而产生的焦虑。比如，一个神经衰弱者，因对上司不满或气愤而感到说不出来的焦虑。这是由于潜意识中恐惧自己的愤怒失去控制、攻击本能压倒理智，从而做出冒犯性行为，以后会受到报复惩罚而产生的焦虑。

弗洛伊德把神经症焦虑分为焦虑性期待、恐惧症和惊恐反应。

焦虑性期待是没有明确对象的一种模糊的长期焦虑。患有这种焦虑的人常以种种可能的灾难为虑，将每一偶然之事或不定之事都解释为不祥之兆。

恐惧症是指在接触到特定外界事物或处境时具有强烈恐惧情绪的神经症，比如恐高、晕血等。

惊恐反应是指没有明显原因的突如其来的惊恐与不安的反应，比如胸闷、窒息感等，多数人有濒死感、失控感和将要发疯感。这种焦虑症和危险没有明显的关系。

三、道德焦虑

道德焦虑，即自我由超我（良心）所体验到的羞耻感和罪疚感。也就是说，当我们的思想和行为违背超我中内化的价值观、自我理想和良心时，就会产生自我惩罚的道德性焦虑。例如，如果一个人已懂得成功是件好事，那么失败就会使他产生道德上的焦虑。

弗洛伊德认为，引起道德焦虑的原型是原始惧怕，即指对父母惩罚的惧怕。后来，随着儿童的认同和超我的发展而逐渐内化为自身的驱力，成为根源性焦虑。这种焦虑已经成为内在的东西，缺乏明显的直接的外界诱因。例如，一个品格高尚的人常常比一个品格恶劣的人体验到更多的焦虑。因为其有更坚强的超我，常常进行自我控制，很容易受到良心的谴责。

虽然弗洛伊德早期和晚期关于焦虑的论述充满了矛盾和前后不一致的地方，

但在精神病学界和临床心理学界，一般还是认为弗洛伊德是对焦虑理论建构做出了最大贡献的人。

斯皮尔伯格：状态焦虑和特质焦虑

美国心理学家查尔斯·斯皮尔伯格（Charles D. Spielberger）对焦虑的研究有很大的贡献。他完整地提出了焦虑的"状态—特质"理论，将焦虑分为状态焦虑和特质焦虑两种形式。这一理论开辟了焦虑研究的新领域。

其实，最早提出焦虑的这两种形式的是美国心理学家雷蒙德·卡特尔（R. B.Cattell），而斯皮尔伯格在其基础上进行了发展和完善，最终提出了完整的理论。

所谓状态焦虑就是描述人处于某一情境时所产生的为时较短、强度多变的心理状态。比如上司让你在工作会议上做个简短的发言，此时你可能会心跳得特别厉害，喉咙发干，手心出汗，这种短暂的焦虑体验就是状态焦虑，但这种情景过后就会恢复正常。

斯皮尔伯格指出，状态焦虑的唤醒有一个过程，这个过程首先是由一个外部刺激或内部线索所发动，该刺激或线索就是机体感受到的一种威胁，如果存在着对威胁或危险的认知评价，那么状态焦虑反应就会发展起来。

特质焦虑是一种人格障碍，是指在焦虑倾向上所表现出来的相对持久的稳定的个体差异。具有特质焦虑的人容易把本来没有危险的事看成危险，总是怨天尤人、恐惧不安，容易陷入应激状态。这种长期焦虑障碍会导致惊恐发作、恐惧症、强迫症以及抑郁等其他心理疾病。

根据焦虑的"状态—特质"理论，斯皮尔伯格编制了"状态—特质焦虑问卷（STAI）"。该问卷首版于1970年问世，1980年完成修订，1981年译成中文。

STAI为自评量表，由40项描述题组成，分为两个分量表：状态焦虑量表和特质焦虑量表。

状态焦虑量表（简称S-AI），包括第1~20题。状态焦虑描述一种通常为短暂性的不愉快的情绪体验，比如紧张、恐惧、忧虑和神经质，伴有植物神经系统的功能亢进。

特质焦虑量表（简称T-AI），包括第21~40题。特质焦虑描述相对稳定的，作为一种人格特质且具有个体差异的焦虑倾向。

该量表用于个人或集体测试，受试者一般只需具有初中文化水平即可。测查无时间限制，一般10~20分钟可完成整个量表条目的回答。

该量表可应用于评定内科、外科、心身疾病及精神病人的焦虑情绪，也可用于筛查高校学生、军人和其他职业人群的有关焦虑问题，还可用于评价心理治疗、药物治疗的效果。由于简单实用，信度和效度较高，该量表被人们广泛使用。

贝克：情绪障碍的认知模型

贝克（A.T.Beck）是美国著名的临床心理学家，他的主要著作有《认知治疗与情绪扰乱》（1976年）、《抑郁症：原因与治疗》（1972年）等。他根据对焦虑和抑郁症的临床观察和前人对情绪的认知研究，在20世纪60年代中期提出了情绪障碍的认知模型，在20世纪70年代中期进一步发展成一套认知治疗技术，旨在改变抑郁症患者的认知，取得了明显的成功。

情绪障碍的认知模型包含两个层次：负性自动想法（浅层次）和功能失调性假设或图式（深层次）。

负性自动想法常常是在患者所能察觉的情况下，成为其意识界的事件，但都是一些与不愉快的情绪体验有关的内容，所以说它是负性的。说它是自动的，是因为它的出现是没有经过周密推理的产物，是突然地、自发地出现在脑子中的。虽然这些事从未发生，但却非常影响心情，让人感到痛苦和焦虑。

比如，一位女士害怕进超市买东西，因为她曾在超市里发生过一次心率过速。以后她再进超市时就会冒出来一个念头："我又要心脏病发了！"于是，她便出现了紧张、心慌、心悸。为了避免自己认为的心脏病发作，她很快就离开了超市。

负性自动想法一般具有以下特征：影响积极行为，构成失调功能；出现时不易觉察，赶走时却很困难；想法似乎有理，实效却很糟糕；存在于意识边缘，稍纵即逝；存在时间短，但力量大。

功能失调性假设是贝克关于情绪障碍的认知模型中较为深层的部分。

贝克认为，人们从童年期开始通过生活经验建立起来的认知结构或图式，是一种比较稳定的心理特征，形成了人们对自己和世界的假设，用于对信息过滤、区分、评估和编码，指导对新信息的知觉、对旧信息的回忆及借助图式进行判断与推理，支配和评估行为。图式形成之后相当稳固，不会轻易改变。这其实和人们常说的思维定式是一样的。图式决定着人们的信息选择和对新信息的理解。人们常常会根据图式来指引新信息的加工，预测事件的发展，给客观现实赋予某种意义。在判断和预测的时候，由于已有的认知结构或图式的作用，人们往往会倾向于选择与图式一致的信息，忽略无关的、不一致的信息。

但问题在于，人们通过图式形成的有些假设是僵硬的、极端的、消极的，会让人们做出错误或者片面的判断和评估。比如，一个人抱着一种消极的自我认知图式，认为自己不善于演讲，那么即使他的一次演讲获得群众热烈的鼓掌，他也不相信自己取得了成功。因为图式排斥与它不符的经验。当人们消极的期望与积极的现实相矛盾时，过去的经验往往会获胜。大脑常常被迫在过去的经验与当前现实之间做出选择，而选择往往倾向于过去。这种冲突的直接结果是认知不协调，由于当前的真实经验与人们旧的认知期望大相径庭，因而也常被拒绝承认。当人们的信念与实际情况发生冲突时，人们会竭力去解释这一矛盾使之协调，有时甚至否认现实的真实性，结果常常是以否定最近的经验去证实以前的信念。假如认为自己有价值就必须把所有的事都做成功，这种假设可能导致行为的高质量操作，但也会造成了对失败和挫折的过度敏感，一旦受挫折便极易产生消极情绪反应。

例如，一位年轻女教师认为自己别无所长，但教学十分成功。她认为一个人的价值取决于事业的成功，这种认知假设使她产生了许多积极行为，努力去改进教学方法，提高教学效果，但也使她担心教学失败。一日，学校领导和很多教师前来旁听她的教学，她因为口误讲错了一句话，于是她的内心突然产生了“这下完了！我唯一的长处没有了，领导、同事再也不会信任我了”的想法。一次偶然的失误被体验为重大的失落，一连串的负性自动想法频繁出现，如“我已一无是处”“我是一个失败的人”“我太没用了”。她随之感到情绪低落，失眠，不思饮食，对一切事情不感兴趣，觉得自己成了“废物”“累赘”，以致认为自己“活着没有价值，不如一死了之”。尽管学校领导和其他教师对她的这次教学一致给予了一致好评，但她的情绪依然低落，焦虑不已，而且愈演愈烈，最后不得不到医院进行治疗。

1988 年的时候，贝克编制了《贝克焦虑量表》。这是一套含有 21 个类目的焦虑自测问卷，能够反映被试者焦虑状况的严重程度，适用对象为具有焦虑症状的成年人，在心理门诊、精神科门诊或住院病人中均可应用。

罗洛・梅：焦虑的根源

罗洛・梅（Rollo May）被称为“美国存在心理学之父”，是人本主义心理学的杰出代表。人本主义的焦虑研究是站在存在主义立场上的，认为焦虑是人存在的不可避免的一个方面，是由人的内在冲突引发的情绪反应。

在罗洛・梅对心理学的重要贡献中，焦虑理论占有非常重要的地位。他关于焦虑的论述主要集中在《焦虑的意义》《寻找自我的人》《心理学与人类困境》和《存在主义心理学》这几本著作中。

在罗洛·梅看来，个体作为人的存在的最根本价值受到威胁，自身安全受到威胁，由此引起的担忧便是焦虑。焦虑是“人对威胁他的存在、他的价值的基本反应”，是一种不确定性和无依无靠的感觉。焦虑不但影响人的生理系统的正常功能，还会打击人的心理结构，甚至歪曲人的意识。

罗洛·梅把焦虑分为正常焦虑和神经症焦虑两种。罗洛·梅认为，每个人都无法在成长中避免焦虑的产生，这种无法避免的、短期的、对象明确的焦虑是正常焦虑。而行为与威胁不均衡，个体对客观威胁做出不适当的反应就是神经症焦虑。神经症焦虑是正常焦虑的病态发展。他认为，正常焦虑和神经症焦虑的划分依据并不在焦虑自身，而在于个人对焦虑所作出的反应。正常焦虑是人成长的一部分，当人意识到生老病死不可避免时，就会产生焦虑，此时重要的是勇敢地面对焦虑，更好地过当下的生活。所谓病态的焦虑是指个人消极地躲避焦虑，从而损害个人的存在。罗洛·梅也认为最大的焦虑是对虚无的焦虑，但是这显然不是什么新知了，几乎每个存在主义者都会论述到对虚无的恐惧。

罗洛·梅最为重要的贡献在于提出了焦虑的两个根源。

一、价值观的丧失和分裂

罗洛·梅在文章中写道：“时代变换时，当旧的价值观是空洞的，传统习俗再也行不通时，个体就会感到特别难以在世界上发现自己。”他认为，现代人的价值观丧失和分裂有 3 个方面的表现：讲究竞争又强调合作的现代社会使人的独立性丧失、疏离感产生；对理性功效的片面强调；人的价值与尊严感的丧失。

罗洛·梅认为，生活在一个价值观青黄不接的时代的现代人很容易出现焦虑。由于西方社会过于强调竞争和成就，从而导致了从众、孤独和疏离等心理现象，使人的焦虑增加。20 世纪文化的动荡，使得个人依赖的价值观和道德标准被削弱，也造成焦虑的加剧。

他还指出，在现代社会，以下两种关系的破坏同样会让人焦虑：人和大自然的和谐关系；以成熟的爱和别人建立联系的方式。他说，大多数现代人都丧失了爱的能力。一些现代人更是把性欲和爱混淆起来，以为从事性活动可以使人与人之间的关系更加密切。不幸的是，性放纵虽然可以暂时缓解焦虑，但是欢愉过后只会让人精神更加萎靡，更加焦虑、空虚与孤独。

二、空虚和孤独

罗洛·梅认为，竞争激烈和理性至上造成了人的情感和理智的分裂、爱情和性欲的分裂、价值和目标的分裂，进而破坏了个体的人格统一性。这种分裂和破坏让人对自己的本性感到陌生和不理解，从而产生空虚、孤独的感觉。

当然，这种空虚和孤独并不是源自内心一无所有，而是源于对自身的渺小和无力的失望。当人们发现自己无法影响社会和他人时，就会变得越来越冷漠无情，越来越消极。为了避免孤独和空虚，有些人会积极踊跃地参加各种聚会和集体活动，并乐此不疲，但是这样做的结果只会使自己越来越依赖他人，越来越无法摆脱孤独和空虚的魔咒。因为其内在的真正问题——渺小感和无力感并没有解决。

阿德勒：焦虑来源于自卑

阿尔弗雷德·阿德勒（Alfred Adler）是奥地利精神病学家、个体心理学的创始人、人本主义心理学先驱，被称为“现代自我心理学之父”。他曾跟随弗洛伊德研究神经症问题，他也是精神分析学派内部第一个反对弗洛伊德的心理学体系的心理学家。他将精神分析由生物学定向的本我转向社会文化定向的自我，对后来西方心理学的发展具有重要意义。他的主要著作有《自卑与超越》《人性的研究》等。

关于焦虑产生的原因，阿德勒给出了自己研究的答案——源于自卑。他认为，每个人生来就有一种生理的自卑与不安全感。人类发展工具、艺术、象征等文明，其实就是为了补偿自己的自卑感。

阿德勒认为，自卑感是人的行为原始的决定力量或向上意志的基本动力。在他看来，人生本来并不是完整的，有缺陷（包括身体缺陷）就会产生自卑，而自卑则能摧毁一个人，让人自暴自弃或者出现精神疾病；与此同时，它也能让人发奋图强，振作精神，迎头赶上，以解决原始缺陷和追求优越之间的矛盾。

人从一出生就受到无助和自卑的困扰。如果没有双亲的社会行为，人是根本无法存活下来的。在正常的情况下，小孩借由不断肯定自己的社会关系来克服无助并获得安全。但是婴儿的正常成长会受制于主客观因素的危害。客观因素包括婴儿体型上的弱势、社会歧视或身处家族中的不利地位等。

对此，阿德勒说："婴儿在能有任何作为之前，便已为自己的劣势忧心忡忡，焦虑不已。他们很早就开始与比自己强而有力的兄长和大人进行较量，这使得他的自我评价多为劣势的。"

阿德勒指出，神经性的自卑感或焦虑是形成神经性人格的背后驱力。他说："神经性人格是拘谨心灵的产物及其运用的工具，它会为了卸除自卑感而强化它的神经性的目标。"

在阿德勒看来，人类无论在生理和心理上都与他人相依共存，所以，人的自卑感只能通过不断地肯定和增进与社会的联结才能得以克服。克服自卑感的行为，本质上就是为了获取一种超越他人的优越感与权力，以及用威望与特权扬己抑他的驱动力。然而，争取权力以凌驾于他人之上，只会在社会上引起更多的敌意，并使自己的处境更加孤立。

阿德勒还认为，焦虑会协助人逃避决定与责任：焦虑让人们习惯于无助的状态，不用承担责任。同时，焦虑者也通过焦虑来控制别人。比如，孩子会利用焦虑来达到目的或控制母亲。在阿德勒的著作中，我们可以看到很多用焦虑强迫家人接受操控的例证。在阿德勒看来，许多人的焦虑都是来自与家人的暗自较量。

阿德勒在《自卑与超越》中讲述了这样一个案例：

一个抱怨找不到满意职业的 26 岁男人，曾经来找过阿德勒。8 年前，他的父亲把他安插入经纪行业中，但他一直不喜欢干这一行，最终他辞职了。他想去别处再找份工作，却一直没有成功。他抱怨不已，难以入眠，经常有自杀的念头。

通过男子的经历，阿德勒发现他的母亲对他非常溺爱，而他的父亲却对他滥施权威。他的生活就是对他父亲威严的一种反抗。他自己很想进入广告界工作，但父亲却逼着他从事经纪行业。他能在不喜欢的经纪行业熬了8年，完全是为了母亲。

他不想接受父亲的逼迫，但他必须考虑母亲和他经济状况欠佳的家庭。如果他干脆拒绝工作，各种问题就会接踵而至。他必须找个理由下台，结果他找到了这种表面上看来似乎是无懈可击的毛病——失眠。

还有他经常出现的自杀的念头，也是对父亲的反抗和报复。每个自杀案件都是一种谴责。对于他而言，其意是说“我父亲的所作所为都是罪恶的”。

总之，阿德勒通过对自卑与焦虑的研究，为人们提供了一种解决心理和情绪问题的途径，也对后来的一些心理学家产生了很大的影响。

第四章

广泛性焦虑：你所担心的事 99% 都不会发生

失眠，紧张，莫名烦躁，忧虑，无法集中注意力，总担心某些不好的事会发生……这些负面情绪都是广泛性焦虑的表现形式。其实，焦虑的本身才是最大的敌人，你所担心的事情99%都不会发生，绝大多数是自己的臆想。

压力焦虑：活得太累了

压力大、生活累是许多人的生存状态，而且“压力山大”已经成为人们自嘲的流行语。更让人郁闷的是，许多人在短期内根本无法摆脱这种生存状态，焦虑也就更加严重了。

王涛在工作上一直深受领导赏识，不久便升职了。自从升职以来，王涛开始带领一个团队。做一个普通员工和做一名管理者有很大的区别。王涛需要面对更多的问题，包括业务往来、团队之间沟通、团队内部矛盾的协调、整体业绩等各方面，而升职前他只要干好自己的那份工作就行了。可能是因为压力巨大，他发现自己晚上睡不着，有时候要借助一点酒才能睡着，但他总体的睡眠质量也不是太好，白天打不起精神，工作效率也开始明显下降了。王涛因为这个问题很着急，不知道从哪里做起才能有效改善他因工作压力带来的睡眠问题。

这种压力焦虑的重灾区是都市白领。一项关于都市白领的健康情况调查显示，三分之二的受访者认为自己的身体状况处于亚健康状态，危害身体健康的主要因素中，工作压力、环境污染和缺乏锻炼位列前三。

这项调查由媒体和知名企业共同进行，采用的是计算机辅助电话随机抽样的调查方式，选择了北京、上海、广州、成都、西安、长沙和沈阳这 7 个代表性的城市，调查的对象是 20 岁到 60 岁、中等学历以上、主要从事脑力劳动的办公室白领，成功完成的样本量是 1000 人。

另外一家世界知名调查机构也得出过类似的结论：中国内地上班族在过去一

年内所承受的压力，位列全球第一。在被调查的全球 80 个国家和地区的 1.6 万名职场人士中，认为压力高于去年的，中国内地占 75%，香港地区占 55%，分列第一和第四，都大大超出全球的平均值 48%。其中，上海、北京分别以 80%、67% 排在这一调查结果城市排名的前列。

在这些压力焦虑中，因薪资水平而产生的比例占 26.23%，因员工之间人际关系而产生的比例占 25.41%，两者基本占了压力成因的五成。职业技能、工作业绩以及岗位晋升压力均是薪资和人际关系产生压力的辅助原因。

李先生在一家软件公司做程序员，虽然他的工作在外人看来比较体面，可以每天西装革履地去上班，但实际上无休止的加班已经让他连吃饭的时间都难以保证，更别说是娱乐和休息了。另外，员工之间人际关系的压力也让他觉得是个负担。“虽然‘上班比上坟还难过’是句戏言，但工作压力大确实是一种现实存在的现象。”李先生感慨地说道。

一、产生压力、焦虑的原因

其实，面对生活，每个人都会有压力。只要身处社会，就会有竞争，就会有压力。除了一些客观方面的原因，人们产生压力焦虑的原因在于自身。

1. 在工作、生活、健康方面均追求完美化

这类人稍不如意就会心烦意乱，长吁短叹，老担心出问题，惶惶不可终日。所以，别为自己设置太多精神枷锁，过得太累，把生命之弦拉得太紧。

2. 有些人拥有神经质人格

这类人的心理素质较低，对任何刺激都非常敏感，一触即发，对刺激做出不适应的过强反应。他们承受挫折的能力太低，而自我防御的本能则过强。他们常常会无病呻吟，杞人忧天，整日提心吊胆，疑神疑鬼。如此心态，怎能不焦虑？

3. 没有做好准备的人

没有做好迎接人生苦难的思想准备，总希望自己一帆风顺、平安一世。没有

做好迎接苦难思想准备的人，一遇到困难就会惊慌失措，怨天尤人，大有活不下去之感，这是引起焦虑症的具体原因之一。

重要的是，我们要正确对待压力，学会调整自己。其实，累，并不可怕，它像是一个善意的信号，提醒着我们时刻注意自己的身体健康。当我们累的时候，不要马上去否认和对抗，应该尊重并享受它。

二、缓解压力、避免焦虑的方法

我们完全可以采用下面这些方法来缓解压力，避免焦虑。

1. 参加一些户外活动

把工作之余的时间多用点在户外活动上，这会让我们觉得生命充满了活力。下棋、练习书法也是缓解压力的好方法。

2. 缓慢地读一本书

在繁忙地工作了一天后，吃完饭洗个澡，将灯光调暗，拿出一本书，沉下心来慢慢品读。这会让我们的世界瞬间安静下来，能够有效地去除焦虑，缓解疲劳。

3. 给身体设个“减压阀”

我们可以多看看绿地、泡个热水澡、听听轻音乐、做 10 分钟深呼吸、出去散散步、聊聊八卦等，这些都能够让人消除疲劳，减小压力。

金钱焦虑：钱，是我最大的困惑

杜女士家里有车有房有存款，还有一个孩子。而且夫妻二人一年也有三十多万元的收入。按理说，杜女士的这种经济状况不应该焦虑才对，但实际情况却并非如此。我们来看看她是怎么说的。

“我也知道这个条件是比上不足比下有余，再怎么也不会沦落街头挨饿受冻，但我就是压制不了自己的焦虑，只要几个月过去存款没有增长我就会恐慌得不行。何况现在养房、养车、养孩子的成本确实很高，前几个月算下来基本没什么结余，又面临着工作变动和降薪的可能，我就开始一夜夜地失眠。看老公不顺眼，为什么他的工作不像别人的那么稳定。这种心理状态已经影响到我的家庭了。而且我必须要说出来，不然我感觉自己马上就会疯掉。”

这是一种比较典型的金钱焦虑。如何挣钱花钱确实成了困扰一部分人的问题，但其背后的心理特征有时出人意料，并经常掺杂着各种担忧。

W.C. 菲尔兹是美国著名的喜剧演员。他不但擅长说笑逗乐，也以“会保护钱财”而出名。菲尔兹担心钱财被人算计，把钱分散存于世界各地200个以上的银行里，每个账户都用不同的户名存钱。菲尔兹死于1946年，他的这些账户至今也没找到几个，这种对失去钱财的恐惧，结果使得子孙失去760万美元以上（这在当时可不是一个小数目）的财富，可谓得不偿失。

钱不是万能的，但没有钱是万万不能的。没有钱，为如何挣钱而焦虑；有了钱，为如何保管而焦虑。人的心理就是如此奇怪。

在《如何缓解金钱焦虑》一书中，墨尔本商学院特聘学者约翰·阿姆斯特朗对“金钱及其在生活中的角色”这一问题形成了自己独到的见解。

阿姆斯特朗认为，构成我们金钱焦虑的问题主要有4个，它们分别是：为什么金钱对我们来说是重要的；为了获取生活中重要的东西，我们需要多少钱；获取金钱的最好方式是什么；在获取及使用金钱的过程中，我们对他人承担着怎样的经济责任。他认为，我们将永远克服不了金钱焦虑，除非我们首先认清那些潜在的问题：尽管金钱可以买来让我们心情开朗的“装备”，如巧克力、周末探险、昂贵的鞋子，即便拥有这些，很多人还是会感到不幸福。也就是说，金钱买不来幸福。

确实，金钱是人们生活的经济基础。通过金钱可以买来很多东西，但有些东西是金钱买不到的，比如幸福、爱、尊重。如果我们自己感觉不到幸福快乐，那拥有再多的金钱也没有任何意义；如果一个人不爱我们，也许金钱能发挥作用，让对方爱上我们，但那是表面现象，对方爱上的是我们的金钱，而不是我们本人；如果一个人不尊重我们，结果也是一样的，他尊重的是金钱，而不是我们。

其实，金钱是一个重要的问题，但绝对不是致命的问题。关键是我们要正确地对待生活，正确地对待自己。能做到这一点，我们就不会为金钱而焦虑了。

这里有一份“金钱焦虑量表”。你知道自己对金钱的焦虑程度吗？不妨做一下这个焦虑量表测试，看看你对金钱的焦虑指数。

金钱焦虑量表

测试说明：

测试有20道题，每道题都与关心金钱的态度有关。答题时以四种方式记分，选A记1分；选B记2分；选C记3分；选D记4分。选一个最适合自己态度的答案，写下正确的号码。全部答完后，再根据记分方式算出总分。

A. 从来不　B. 偶尔会　C. 有，但不是很频繁　D. 经常

测试题：

1. 我担心赚钱会使自己迷失了人生方向。

2. 我担心朋友若知道我有钱，会向我借钱。

3. 我担心如果我赚太多钱，我会被扯进复杂的税务问题。

4. 我担心不管我赚多少钱，永远也不会满足。

5. 我担心如果我有很多钱，别人喜欢我是因为我有钱。

6. 我担心钱会使我沉溺于我所有的恶习。

7. 我担心如果我赚的钱比朋友多，他们会嫉妒我。

8. 我担心如果我大把大把地赚钱，钱会控制我的生活。

9. 我担心如果我有钱，别人一有机会就想欺骗我。

10. 我担心钱会成为我追求真理的障碍。

11. 我担心如果我有很多钱，我会一天到晚害怕失去它。

12. 我担心钱会使我变得贪婪，并且过分地野心勃勃。

13. 我担心管理为数不少的钱会加大我的负荷压力。

14. 我担心如果我赚了很多钱，我会失去工作的意愿。

15. 我担心如果我有很多钱，我会利用钱去占人家便宜。

16. 我担心拥有很多钱会使我的生活不再单纯。

17. 我担心拥有很多钱会使我被迫改变现有的生活方式。

18. 我担心金钱真是万恶之源。

19. 我担心拥有大量的金钱会使我陷入失败的境地。

20. 我担心我没有能力处理巨额的钱财。

得分统计结果：

A. 得分在 20~24 分

B. 得分在 25~30 分

C. 得分在 31~37 分

D. 得分在 38~57 分

E. 得分在 58 分以上

A. 得分太低可能显示这种人缺乏兴趣或雄心。焦虑水准低但处于可控制的程度，表示具有可改变或改善生活的良性关系。如果你得分很低，很可能是因为你对现状太过满足，充满信心而没有金钱焦虑，或者你是想避免遭遇钱财问题而做必要的改变，究竟是哪一种原因，得好好问问自己。如果是第一种原因，恭喜你，金钱恐惧根本不会阻碍你的成功。

B. 这种人对现有的钱财状况颇感舒适。他们的商业知识广博，相信自己可以完全控制成功的机会，并对成功地处理金钱问题深具信心。得分处于这个区间的人能正面看待自己的目标，承担必要的风险，迈向自己所希望的未来。

C. 这种人对金钱在生活中所扮演的角色感到不确定。对他们而言，金钱会引起别人的关注，取得和持有都会令他们担心。如果他们的焦虑能驱使自己控制好钱财，就可能步上成功之路。如果老是想逃避钱财风险，整天因为没有安全感而害怕，他们的焦虑就会阻碍其进步。如果你的得分处于这个区间，你可能会被焦虑所误，但只要你愿意，你还是可以做到自我掌握，迈向成功。

D. 得分高的人很难去享受自己所拥有的钱财。而且，他们的焦虑会使挑战和走向成功毫无报偿，因为他们觉得成功只会带来害怕失去（成功）的焦虑。

他们因此会把自己隐藏在一些过度保护性的行为里，诸如强制性的储蓄或不信任他人。偶尔，这些焦虑程度高的人也会失去防卫，以不太恰当的方式和外界接触。不过，万一接触失败，就会加深他们的焦虑。得分处于这个区间的人是很难成功的。

E. 这种人需要赶紧寻求解除焦虑的方法及技巧，或许还包括专业的治疗。焦虑度极高会让人万念俱灰，不想追求任何目标。得分处于这个区间的人，对周围的人根本无法相信，不可能享受成功所带来的任何乐趣。最重要的是，这种人根本很难成功，因为他们的焦虑程度太高，需付出高昂的代价。

拖延焦虑：我不想拖延，可控制不了自己

有太多的事情摆在我们的眼前：摊开的文件、催得很急的项目、散乱的衣橱、答应帮朋友办的一件事或者只是一个该打的电话、一封该发出去的邮件……

现在就做吗？

再等一下吧，去刷个微博、朋友圈或者看看新闻后就开始。

然后，我们在焦虑中刷着微博、朋友圈，看着新闻。

一拖再拖后，马上就到最后期限了，我们更焦虑了。因为剩下的时间已经不足以做好这件事，但我们又是完美主义者，因为做不好，心情就更不好了！

接着，我们默默发誓，下次一定要早早做好。但真的到了下次，其实我们还是如此。也许我们不想拖延，可我们控制不了自己，总是不知不觉就拖延了，并为此而感到痛苦。这就是拖延焦虑。

我们先来看一个案例：

我今年19岁，在一所名牌大学读大二，但是因为拖延症而产生了深深的自卑和自我厌弃。

从小学一年级开始，我就有了拖延的行为，记得小学时我做作业的速度就比同龄人慢很多，因为追求字迹工整、漂亮，因此养成了追求极度完美的性格。

渐渐长大后，因为不再迷信老师的表扬，不再追求作业的漂亮，但是依旧一切动作都特别慢，包括早上起床、放学回家，还有做作业，我感觉自己的寒暑假作业永远都做不完。不是因为追求完美，而是因为注意力不集中。

对于自己拖拉的习惯，直到高中毕业我都觉得没有什么大不了，因为我挺聪明也挺幸运的，成绩一直保持在中上水平。因此，我认为性格散漫、动作拖拉没关系，甚至是我聪明的另一种表现。

但是，进入大学之后，情况发生了变化，我开始逐渐为自己的拖延症而感到焦虑和恐惧了。

因为高中的时候听说大学的生活是极其快乐自由的，所以大一时我很放松，一点儿都不紧张着急，这更加重了我的拖延症，论文永远是最后期限的前一晚才开始写，考试总是最后一天才开始复习，因此，我大一上学期的成绩非常差。

考完试后，我就后悔了。因为我突然发现大学里依旧极其重视成绩，所有的荣誉、活动、机会都是以成绩为标准的，而因为大家都很聪明，所以第一个学期的基础极为重要，而我却输在了起跑线上。

我不甘心，下决心一定要努力改变，却因为拖延症而使不上劲儿，成绩也一直没多大起色。现在我想要留学，却发现成绩依然是第一道门槛，我比别人差了很多，一切都很被动。

而最让我感到绝望的是，在大学中并不是努力就一定能够进步的，即使我不拖延，依旧无法保证优秀，更别说还有严重的拖延症了，其结果可想而知。

而且，我唯一的室友，是我们的年级第一，是一个极其优秀、强势，但冷漠和工于心计的女孩。她的效率之高简直让人无法相信，她从来不娱乐，不午休，永远在学习或者工作。

我不喜欢这样的室友，但是却对自己的拖延症更加自卑了。我感到她给了我很大的压力，即使是我到了几乎停止一切娱乐活动，甚至假期看一部电影都有负罪感的程度，依然无法与她相比。现在，只要她在寝室，我就会躲到外面自习。

虽然知道要改变这样的情况只能更加努力，但是我的心理落差和压力太大了，这种无论如何都无法摆脱的感觉简直令人窒息。

拖延的坏习惯给这位同学造成了巨大的困扰，使她产生了很严重的焦虑。这里的焦点是：她不仅做事拖拉，而且在心理上还不能接受自己现在这个样子，想要急切地做出改变，但就是办不到。

摆脱不了拖延而产生的无助感会急剧放大焦虑。比如，“我不知道怎么办”“我很努力但无济于事”是拖延焦虑者最常说的话。这些话是其真实的困境反映，但同时也是一种暗示：我没招了，我完蛋了。这必然会加重焦虑，形成恶性循环。

我在工作中有着很严重的拖延症，没有一件事是可以按时完成的。

我不知道该怎么办，如果哪天真的要开始进行考核，我肯定是分数最低的一个员工。

我讨厌现在的感觉，明明知道怎么做才能把工作按时完成，但是现在每天除了早上我的头脑是清醒的，其余时间似乎都是在混沌中度过，虽然人是醒着的，但是工作却被我的晕晕乎乎拖延了。

这个周五之前本来要考察完二十多家单位，但是我竟然安排到周五才开始考察，这势必是考察不完的。

这项工作是集团安排的，非常重要，我不知道该怎么办。我会不会被开除？

没有人愿意在拖延焦虑的泥潭中挣扎，爬出泥潭是拖延症患者的共同愿望。这需要先搞清楚拖延的原因，逐渐克服拖延的习惯。人们拖延的原因比较多，但主要的有以下 3 点。

一、自控力太差

自控力就是自我控制的能力，指一个人对自身的冲动、感情、欲望所施加的意志控制。如果自控力太差，在做事的过程中往往会拖延。例如：美食当前，你总会说“没关系，明天再开始减肥”，于是你的减肥计划只好延后了；疯狂购物的时候，你又说“算了，下个月再开始存钱”，于是你的存款计划被推迟了；半夜因为玩手机而熬夜时，你说“好啦！明天一定会早点儿睡”，要知道，你已经这样说过无数遍了。如果管不住自己，控制不了自己，你拖延的习惯就很难改变。

从心理学的角度来说，如果不懂得推迟满足感，会大大削弱自控力。就像沃尔特·米舍尔教授设计的著名的“糖果实验”，他在 10 个孩子面前分别放了一块糖果，并告诉他们现在可以吃，但如果等他回来后再吃可以额外奖励一块糖果，然后他就走开了。面对糖果的诱惑，孩子们做出了不同的选择。有一部分孩子忍受不住诱惑，马上吃了糖果；另外一部分孩子坚持了一会儿，最后放弃了，也吃了糖果；最后一部分孩子一直等到获得奖励之后才吃糖果。多年后，米舍尔跟踪这些孩子发现，当年那些马上吃糖果的孩子状况很糟，而坚持获得奖励再吃糖果的孩子成功的居多。从这个心理学实验可以看出，满足自己一时的情绪需求并非最佳策略，它会降低一个人的自控力，从而减弱其自我满足感和幸福感，想想因为图一时的痛快而导致既定计划被推迟后自己的负罪感和焦虑感就明白了。

二、太追求完美

很多人有完美倾向，但如果太追求完美，往往会成为拖延的借口。比如，我们在工作中也许会有这样的想法：

“工作必须找到状态，工作的环境必须近乎理想。”

“我必须等到条件完全成熟了才行动。”

“要么不做，要做就做到最好。”

这些看似追求完美的想法，常常会因为各种问题，最终不了了之。

世界本不完美，人生亦不完美，不可能所有的事情都能尽如人意。学会接受生活中的不完美以及自己的不完美，就是摆脱“要么不做，要做就做到最好”的极端。因为受这种极端想法的影响，为避免失败带来的痛苦体验，我们极有可能一直拖延下去，甚至直接选择“不做”。

三、对自身有很高甚至不切实际的期望

很多时候，拖延的产生，实际上是因为对自身有很高甚至不切实际的期望。如果说完成任务是走过一块 1 米宽、10 米长的厚木板，那么当它放在地面上时，每个人都可以轻松走过。但对结果的高期望则像是将这块木板架到了两座高楼间 10 层楼高的地方，于是绝大多数人会因为害怕掉下去而不敢向前迈上一步。而最后期限则是身后的一团火，当它离我们足够近时，害怕被烧着的恐惧感战胜了掉下去的恐惧感，于是我们一下子就冲了过去，在最后期限前完成了任务。

可怕的是，很多拖延的人甚至很享受那种最后期限过后突然一下子放松的感觉，从而使拖延的习惯再次被强化。

但我们不能永远靠放火来逼自己走过木板，那样的话，总会有被烧着的一天；

而且，那种压抑的焦虑感和对自己不满意的感觉也并不令人愉快。因此，最好的办法是将木板的高度降低——不要对结果有太高的要求，认真完成就好。由于我们的天资和其他能力的限制，也许即使我们竭尽全力也无法像某些出众人物一样做得那么好，但不管怎么样，只要我们尽力了，就没有什么遗憾。

反复倾诉：我怎么这么倒霉

“我真是太倒霉了，怎么会遇上这种事啊？”一个月来，这句话不知在蔡小琴的口中重复了多少次。她所有的朋友都知道她到底有多爱那个叫杜淳的男孩，而杜淳又是如何背叛了她。

“想开点儿，一切都会过去的。”“好男人多得是，何必在一棵树上吊死呢？”……

来自朋友的安慰不过是那几句话，但蔡小琴已经听得麻木了。

终于有一天，蔡小琴看到了镜子中的自己，哭得红肿的眼圈，暗淡的肤色，乱蓬蓬的头发，再加上一身毫无生气的黑色衣服……蔡小琴简直不敢相信这就是那个曾经靓丽可人的自己。这一切都是他造成的。

蔡小琴哀叹于自己的命运，向朋友倾诉也便有了新的谈资。

“你看看，我现在都成了什么样子。”“我这辈子真是被他毁了。”……

蔡小琴反复地咀嚼着自己的痛苦。渐渐地，她却感觉倾诉已经无法给她一吐为快的感觉了，朋友们也都听烦了。此时的蔡小琴郁闷得不知该如何是好。

倾诉是人们发泄情绪的方式之一。遇到那些让自己伤心、痛苦、憋闷、窝火的事情，人总有一种向亲近的人诉说的冲动。如果说出来，就会轻松许多。但如果像蔡小琴一样没完没了地反复倾诉，就不正常了，那是一种焦虑的表现。

蔡小琴的状况与鲁迅在《祝福》中描写的祥林嫂何其相像。祥林嫂喋喋不休地向人们倾诉着自己的不幸，这确实让人同情，但并没有改变她悲惨的命运，反而使她深陷其中不能自拔。

美国的一项调查显示，与其他女孩相比，那些花费大把时间与朋友谈论自己麻烦的女孩，更容易陷入沮丧和焦虑的境地。蔡小琴、祥林嫂实际上就属于这种情况。过度的倾诉使她们长时间沉浸于痛苦的事件中，这无形中挤占了积极思维的空间与积极行动的时间。接下来，消极的思维及行动又带来了消极的结果，而这反过来又强化了她们不幸的感觉。于是，她们进入了恶性循环之中。

同时，反复倾诉会感染倾听者，给对方带来消极的影响。这样，便不容易从倾听者的角度获取积极的信息和新的视角，甚至有可能造成负面情绪的互相强化。这也是反复倾诉后感到更加焦虑的原因。

一、反复倾诉的表现形式

一般来说，反复倾诉有 3 种比较典型的表现形式：

1. 脆弱

这种人的口头禅是：我到底该怎么办？我真的一点儿办法也没有了……

他们习惯于一条道走到黑而不善于发现新的视角。因此，他们时常碰壁。碰壁后他们的内心会感到很无力。这类似于习得性无助。他们脆弱的心灵太需要养分和支持了。当他们尝试了很多办法而无济于事的时候，无休止地倾诉成了其信手拈来的调节剂。

2. 抱怨

这种人的口头禅是：都怪他（她），要不是他（她）……

他们总是不喜欢承认本应自己承担的责任。因为在他们的观念里，很多事情都不是自己所能掌控的，而更多受着他人的主宰和支配。因此，遇到困难的时候，他们总是把责任归到别人的身上。无能为力的他们只能靠一遍遍地诉说及对他人的指责来寻求安慰。除此之外，情绪化是他们的特点，他们喜欢跟着感觉走。因此，不高兴的时候他们习惯于直接表达，而不会冷静思考事情的前因后果。

3. 逃避

这种人的口头禅是：我不行，这事没法办了……

他们是“温室里的花朵”，一遇到问题便喜欢躲在别人的羽翼下寻求保护。倾诉是他们的挡箭牌，没完没了地诉说实际上是为自己的怯懦寻找借口。在他们心里有一只威猛凶悍的“纸老虎”，他们宁可承认自己不行，也不愿鼓起勇气去看清“纸老虎”的真面目。

二、避免反复倾诉的方法

喋喋不休地反复倾诉只会加重焦虑的程度，让自己在负面情绪中越陷越深。要想摆脱这种困境和折磨，就必须采取行动。

1. 尝试新方式

在心里默默地告诉自己，或许换一种方式我会感觉更好一些。只有尝试着去做，才可能摆脱糟糕的情绪，获得新的体验。

2. 理性分析

不妨拿出纸和笔，将我们所遇到的问题逐一写下来，并进行理性地分析。或许，事情消极的一面被我们夸大了；或许，换一个角度，情况并没有想象中那么糟；或许，这件事情的责任并不全在别人。

3. 多关心和帮助别人

关心别人有时往往比获取别人的帮助能够得到更多心灵上的慰藉。它可以帮助我们把注意力从自我痛苦的小圈子里转移出来。同时，帮助别人后所获得的别人的感激与认同，无疑也会提升我们的价值感。

4. 多承担一些责任

不妨有意识地多承担一些责任。当我们有了相应的责任意识与承担责任的能力时，解决问题与烦恼的手段自然也不仅仅局限于向别人倾诉。

5．开创新局面

新局面的开创需要我们为解决具体问题而采取一些切实可行的行动，同时也需要我们在可能的情况下抛开烦恼，做一些积极的、建设性的事情。比如，可以多听听音乐，看看电影，结交一些新朋友，也可以把自己的精力投入到工作中。充实的生活能给空虚的心灵注入无限的养分。

自我怀疑：我有这个能力吗

感情上遭到挫折，生活给了我们一记左勾拳；

工作遇到了不如意，来，再接一记右勾拳；

然后我们就被打蒙了，整个人都不好了。

于是，沮丧、失落、气馁……负面情绪便开始环绕着我们。我们开始怀疑自己，开始自我否定：我是不是很差劲儿？我是不是没有那个能力？而且这种状态越来越严重。我们掉进了焦虑的旋涡。

生活中由于各种不如意而情绪低落、自我怀疑，进而焦虑不堪的现象不在少数。

刘玲自小就非常优秀，名校毕业后进入了世界500强企业，担任人力资源培训主管一职。

然而，拥有这样职业背景的女孩却向在猎头公司上班的闺蜜大吐苦水，说要跳槽，希望对方帮忙。闺蜜对此感到非常惊讶，问道："为什么要跳槽？你所在的企业可是世界500强企业啊！难道是你的职业发展前景不好？现如今企业都非常重视人力资源，而且你还是公司骨干。难道是你的人际关系不好？也不像呀，你的人缘很不错，每次考评都是优秀。那到底是为了什么呀？”

刘玲给出的理由让闺蜜很无语：“我的能力不行！”

从刘玲一直紧锁的眉头和黯淡无光的双眼来看，她应该是太过焦虑了。

闺蜜问道：“你想跳槽去什么公司？”

刘玲一下子愣住了，那一刻，她的眼神里充满了失落，低声说道：“都可以吧，只要我能做得来就行，这份工作好是好，但我却总感觉自己做不好。”

闺蜜对刘玲的能力很了解，觉得刘玲完全能够胜任这份工作。于是，她对刘玲说：“别骗自己了，你根本不想跳槽。焦虑和能力有关，也无关。有关在于焦虑情绪总会和能力联系上，无关在于焦虑的消除往往需要悦纳当下的状态，包括能力状态。”

刘玲听了闺蜜的话，忽然沉默了下来，不再言语。

刘玲的这种状况就是由于自我怀疑而产生的一种焦虑。这种人本身就缺乏自信，再在工作和生活中遇到难以应对的打击或者困难，往往会出现情绪低潮期，悲观、失落，进而对自己的能力产生怀疑。其实，完全没必要这样。不自信往往来源于自己，别人是看不到一个人的最深处的。这时不妨做个“厚脸皮”，没有人会介意的。

小艾大学毕业后在一家公司做基层管理工作。由于极度的不适应，导致她的压力很大。渐渐地，她对工作没有了自信，觉得自己一事无成，一提到项目就莫名地恐慌、焦虑，不想面对工作、怕见人，面对工作时会忍不住哭泣，对生活也没有信心，见到朋友、家人也不开心，有时还会觉得很烦，任何事情都会让她很矛盾。

有一次，公司组织了一个大型中层领导培训，连续三天，由小艾和几个同事具体负责。定好了培训时间，反复开了几次会，一切都按照既定的安排顺利推进着。然而，小艾却变得越来越焦虑了，总怕有什么事情没有做好，总觉得不够完美，这样的焦虑甚至让她寝食难安。结果，培训如期举行，她所负责的区域“果然”出了几个纰漏。当时她特别自责，在随后的几天里她也一直就在想这些事情。于是，她变得更加焦虑，甚至一度不敢独立负责工作了。

正是从那时起，小艾第一次看了心理医生，也是第一次接触了心理学。她的心理辅导医生说："产生这种焦虑，不是因为追求结果的完美，也不是因为对自己要求过高，而是不能接纳自己的状态。"后来小艾逐渐学会了接纳自己，她的焦虑也慢慢地消失了。

这里所说的接纳，不是说简单地承认自己不行，而是懂得在现有资源基础上做出最优的选择。当做到了自己所能做的事情后，将一切交出去就好了。至于结果，那是我们永远无法控制的，我们所能做的只是实现期待的行动。

接纳自己便要接纳全部的自己，正确看待自己，认识到自己的优点和缺点，长处和不足。接纳自己的过去和现在，所拥有的成就，所面对的处境，应该解决的问题。接纳自己，便会尊重自己，遇事心平气和，不卑不亢，不骄不躁。只有接纳了自己，才能安心专注于问题的解决，时时刻刻有喜悦感、成就感，督促自己不断努力，面对困难也不放弃。接纳自己，并诚心喜欢自己，就会让自己更加自信。

当我们能真正地接纳自己，就不会产生自我怀疑，更不会由此而焦虑了。

死亡焦虑：我出门会不会被车撞死

最近，我常常会出现莫名的恐惧，走在大街上会突然冒出"我会不会被车撞死"的念头，睡觉前会突然担心下一秒就死亡。每个人都害怕死亡，这个道理我明白，于是我每天都拼命地在工作和学习，努力尝试忘掉这个问题。但是，我发现我的问题越来越严重了。我真的很害怕突然之间失去一切的感觉，失去思考问题的能力或者突然晕倒再也醒不过来。

这是一个死亡焦虑的案例。死亡焦虑是人对即将到来或者终将到来的死亡这一事实产生的恐惧、纠结、不解、不安等复杂的思想和情绪。通常情况下，这种思想和情绪不会对人产生严重的困扰，只有在受到某种刺激、暗示之后，才会使人产生焦虑。

死亡焦虑分为两种：外显的死亡焦虑和隐蔽的死亡焦虑。

外显的死亡焦虑是指大多数的死亡焦虑伴随着毁灭的恐惧。有些人无法理解自己死去后“不存在”的状态，想知道自己死后到底去了哪里。有些人一直在想这个问题跳不出来，因为其结果令他们难以忍受——那意味着无论是他们个人还是曾经的回忆都不复存在。儿时嬉戏的街头巷尾，温馨和睦的家庭聚会，海边的度假小屋和青葱的校园时光等，一切都将不复存在。

隐蔽的死亡焦虑则非常隐晦，常常需要一番探索。比如，一个患有胃病对胃癌十分关注的男人，在做梦时梦到自己去度假，但是下一个画面是自己躺在地上疼痛难忍，这个男人惊恐地从梦中醒来，并立即意识到梦的含义：这意味着他将死于胃癌。

其实，还有一些事情会引发死亡焦虑，比如自己身患重病、亲人过世或者目睹了一场意外死亡等。

死亡焦虑产生的原因很复杂，比如下面这个案例：

苏珊是一名心理治疗师。她上学时在画画方面很有天赋，但是在学了心理学后她就放弃了画画。她家里有很多自己未完成的作品，但是她没有时间去完成它们，因为她要赚钱。其实她不缺钱，但是她需要和她的丈夫比赛，看谁赚的钱多。两年前苏珊的好友去世，使她在生活中出现了焦虑情绪。一开始，她不认为这是由好友去世导致的，只是向医生抱怨焦虑，但是医生问她为什么不把画完成而去和丈夫比赛赚钱时，她却回答不上来了。当医生问她对死亡恐惧什么的时候，她说她还什么都没有做。其实，她的潜意识就是她除了赚钱没有真正地享受过生活。对死亡的恐惧常常与人生虚度的感觉紧密相关。换句话说，你越不曾真正活过，对死亡的恐惧也就越强烈，越不能充分体验生活，就越害怕死亡。

死亡焦虑的范围比人们想象得还要广。对于任何人来说，死亡是最终的归宿，没有人能逃脱。于是，许多没有指向性的焦虑实际上归根结底就是死亡焦虑。多年前，心理学家罗洛·梅曾说过，在没有什么可焦虑的时候人们总是试图焦虑点什么。没有指向性的焦虑其实就是通过生活中的一些事情，比如皮肤衰老、退休或无所事事，而感发出的焦虑情绪。其实，种种焦虑情绪直指结果，也就是人终究会死亡带来的焦虑。

那么，如何摆脱死亡焦虑呢？

与其害怕，不如感受。我们的内心有很多力量，当我们充分经历其中一种状态时，这种力量会转化成正面的力量，转为内心的安然、感动的力量。

如果我们对病、老、死非常害怕，首先要允许自己经历这种恐惧。我们会感到人的脆弱，感到无法控制生命的无奈。人在脆弱时，“我”是易融化的，也易与别人感同身受，当别人也出现这种力量时，我们就会有慈悲、接纳。这种慈悲感拉近了人与人之间的距离，让人的心贴在一起。

其次，如果对病、老、死非常恐惧，我们要如实地承认它，接纳它。我们可以秉持一种观念：死，没什么好怕的。当我们以平和的心对待死亡的时候，我们才会活得更加真实轻松。

强迫症：反复确认门是否锁好了

迈克在一家网络公司担任工程师。IT 业的一个显著工作特点是接到任务后要迅速完成，因此加班加点成了迈克的家常便饭。一天到晚绷紧的神经让迈克感到疲惫不堪。更糟糕的是，迈克最近得了个“怪病”。他每天早上出门后，总是怀疑自己忘了锁门。就说前天上午，他开车跑了 5 公里后，又折返回家中推了推门，在确定门锁好了之后，才放心地走了。

更可笑的是，上个月末，迈克完成了公司交办的一个重要攻关项目，老板高兴之余奖励他 5 天的旅游假期。到了机场后，迈克总是不停地在想自己家的门关好没有。看看时间还来得及，于是，他便搭出租车火速赶回家中，在确认锁门了之后才放心地返回机场。

迈克的这种状况是一种典型的强迫症。强迫症是焦虑比较严重的一种表现形式。强迫症由两个要素组成：一个要素是强迫性的思维，指挥之不去的念头；另一要素是强迫性的行为，主要是指反复发生的特定行为。

在现实生活中，患有强迫症的人不在少数。据美国国家精神卫生研究院的估计，约有 200 万美国成年人患有强迫症，约占美国总人口的 0.7%。考虑到强迫症成人中约有 2/3 的人早在孩提时代就有强迫症端倪，而孩子们绝大多数还未得到诊断，因此美国人中患有强迫症的比例远远不止 0.7%。

通常情况下，如果我们有无法挥去的念头，有反复发生的特定行为时，这只能说明我们有了强迫心理或强迫症的倾向，还不能确定是患上了强迫症。若是强迫症，还应该满足两个条件：一是伴随挥之不去的念头，产生焦虑不安的情绪，也因为这一点，强迫症被归类为焦虑症的一种；二是诊断是否患有心理疾病的通用考察点，即我们的强迫行为是否导致自己的生活产生混乱，甚至难以为继。

强迫症的危害大家都已经知道，但强迫症到底是由于什么原因造成的呢？这个问题的答案并不确定，人们对此也有不同的解释。

第一，一些神经心理学家猜测，强迫症的发生与大脑血清素异常有关，虽然目前没有可靠的研究考证出这种联系的细节，但是选择性血清素再吸收抑制剂对强迫症的治疗确有效果，证明大脑血清素与强迫症之间存在联系的推测并非空穴来风。

第二，日本分子生物学家尾崎（Ozaki）等人研究发现，强迫症可能是基因变异的结果。研究者还发现，强迫症患者有关血清素传递的基因发生了突变。

第三，北卡罗来纳大学心理学教授阿布拉莫维茨（Abramowitz）等人在《柳叶刀》上发表了论述，他们认为，45%~65% 的强迫症病因可以归结为遗传因素。

第四，进化心理学家斯特凡·布拉彻（Stefan Bracha）认为，强迫心理或行为具有某种进化优势，适度的连续检查是一种提高警觉预防外敌的策略。心理学中有一个“耶克斯—多德森”定律，证实焦虑程度和工作效率之间的关系呈“倒 U”曲线，中等程度的焦虑情绪下能获得最高的工作效率。这个定律为进化心理学对强迫症的解释提供了依据。

对于强迫症的治疗，我们应该分不同的情况来进行处理。如果只有强迫倾向，也就是轻微的强迫症，可以进行自我调整。

攻克强迫症的有效方法就是“我不去攻克它”。控制焦虑最好的方法就是随它去。强迫症是我们永远无法压倒的弹簧，因为它就是我们心中的一部分，自己怎么可能压倒自己呢？最好的方法就是顺其自然，强迫症来的时候，随它来，不要企图去压制它。这样做的结果就是它不来了或者来了你也没事。

如果你的强迫症比较严重的，就要去正规的医院进行治疗。医院通常采用的是心理疗法或精神药物疗法，或者将二者结合起来治疗。

技能焦虑：时代发展太快了，我跟不上

社会的快速发展，使得人们的生活质量和水平不断提高，但同时也给人们带来了各种压力。比如，有的人就非常忧虑：时代发展太快了，我跟不上。

现在，知识和技能的更新速度很快。这几年非常吃香的技能，10 年后，甚至是几年后就有可能完全被淘汰；这几年非常热门的专业，几年之后，就有可能变成冷门。如果不抓紧时间学习和提高，就会被时代抛弃。面对这种快速更新换代

的现状，人们自然会产生技能焦虑。

小娜毕业于某高校的自动化专业。她找的工作专业对口，在一家企业做技术支持。在工作了一段时间，了解了单位的情况后，小娜就感到了压力。于是，每天下班后她就开始学编程，稍有中断就会觉得焦虑。对此，她表示："在竞争激烈的大都市，要想发展得更好、薪水更高，肯定要不断学习新的技能。"为了多拿几本证书，小娜放弃了一切业余活动，不愿和朋友聚会、交往，下班后就闷在屋子里看书、做题。爸妈看到她这么用功还挺高兴。但是，小娜感觉自己已经成了一个"考试机器"，除了证书，什么都没有。

常言道："万贯家财，不如一技在身。"面对工作的压力，小娜感到焦虑，生怕自己"技不如人"而被淘汰。为了缓解这种焦虑，她选择了不断给自己加"技能"——考取各种证书。

在社会上，像小娜这样的技能焦虑者不在少数。《中国青年报》社会调查中心曾经通过搜狐网和民意中国网做过一次统计调查。调查人数 2074 人，其中 76.2% 的人直言身边存在很多有"技能焦虑症"的人，62.8% 的人认为"在职场缺乏安全感，不知该如何努力"是导致"技能焦虑症"的重要原因。有 70.6% 的人表示自己"职场安全感"很弱，其中 30% 的人觉得"没什么安全感"。

对于技能焦虑的具体表现形式，据调查显示，68% 的人认为主要表现在"总是怕自己的技能跟不上时代"，58.9% 的人表示"总觉得自己没有'一技之长'"，56.7% 的人觉得"学东西之前总关心'有什么用'"。其他还包括："不停地报考职业资格和技能考试"（44.5%）、"不愿学习文学、历史等人文学科"（32.6%）等。

对于"技能焦虑"带来的影响，70.6% 的人表示是"容易出现焦虑情绪，对工作疲劳厌倦"，66.2% 的人认为会"成为考试机器，失去思考学习的能力"，63.6% 的人担心会"出现'工具化'倾向，失去人生方向"，54.1% 的人觉得"教育会变得功利化，学生缺乏创造力"。

其实，职场上每个人都有焦虑，适当的焦虑会是促使我们前进的动力，但过度的焦虑则会影响我们的实力和健康。就像不断地考取各种证书，这并不能真正地缓解我们的焦虑，反而会让我们成为心理的奴隶，给自己带来更多的疲惫和麻烦。太多的证书也许并没有我们想象中那么有用，多而不精反而有可能成为我们的软肋。

我们想要缓解技能焦虑，需要有更加合理有效的方法。

第一，掌握一项核心技能。结合自己的具体情况，认准一项最适合自己的技能钻深钻精，成为专家。这项技能就会成为我们最强大的竞争力，比那些只是门槛的各类证书有用得多。

第二，具备做好工作的能力。也就是说，我们必须要能胜任工作，能很好地完成工作。胜任才是硬道理。如果无法胜任工作，就只能被淘汰。

第三，努力工作，获得领导的肯定和器重。如果能做到这一点，当然不会有技能焦虑了。

第四，处理好与同事之间的关系。与同事关系融洽，也会让你感到轻松一些。

第五，把生活和职场相结合，这样就能降低自我的紧张度，对缓解技能焦虑有不错的效果。

网络依赖：没有网，我就会疯了

断网一会儿，就感觉心慌意乱，不知道该干什么；

每到一处地方，先问 Wi-Fi 密码；

业余时间都用于上网，几乎没有其他的兴趣爱好；

……

现在，网络越来越发达，上网越来越方便。网络已经成了人们生活的一个重要部分。但是，对于有些人来说，网络已经成了生活的全部，他们离开了网络就会发疯。他们对网络已经产生了严重的依赖，成了网络依赖症患者。

马涛三十来岁，是一家家装公司的设计师。他的妻子年轻漂亮，女儿活泼可爱。不知道从什么时候起，马涛迷上了网络。平日里，只要不是在工作，他就一天到晚都趴在电脑跟前，上网浏览信息，偶尔也打打游戏，但是很少网络聊天。除了上网，他对周边的一切事情都提不起兴趣。朋友聚会、假期旅游、陪家人聊天、带孩子出去玩……这些事对他而言都是负担，因为会耽误他上网。妻子埋怨马涛对家里的事情不够关心，对自己不够温柔，马涛觉得她不可理喻：自己把挣来的薪水全部交给她掌管，家里不缺吃不缺穿，哪有那么多事情要做？都老夫老妻了，还要那么浪漫干什么？浪漫能当饭吃吗？

在生活中，马涛绝对是个不抽烟、不酗酒的好男人，脾气不急不躁，对生活的要求也不高，只要能填饱肚子就可以了。他唯一的嗜好就是上网，用他自己的话说，“没电脑不知道该如何写字，没电脑就无法工作，不上网没法安心睡觉”。妻子对于马涛的这一嗜好实在忍无可忍，吵架、哭闹，甚至提出离婚，但毫无效果。马涛依旧我行我素，甚至觉得妻子的话是一种难以接受的管束、唠叨。他心想：“离就离呗，无所谓，离了婚，我更潇洒。”

像马涛这样的网络依赖已经对自己的生活和家庭造成了巨大的影响。这种依赖的实质，就在于作为网络行为活动主体的人丧失了行为活动的自主性，而蜕变成为网络的“奴仆”。这些人在上网时会长时间地持续下去而乐此不疲，可一旦离开网络就会感到无所适从，进而产生无法自控的焦躁和紧张等负面情绪，甚至为了上网而做出过激的行为。

杜莉在一家大医院工作，丈夫在机关单位工作，家庭条件相对比较优越。他们有一个14岁的儿子。原本儿子十分爱学习，酷爱打篮球，但从某一天开始，儿子就总找她要一些零花钱。

一天晚上，儿子竟然没有回家，杜莉和丈夫快急疯了，到处寻找，最后在一家网吧找到了。此时，儿子正在打游戏。

随后几天，杜莉夫妻两人又多次到网吧寻找离家的儿子，儿子表示不愿意回家，夫妻俩欲哭无泪。脾气暴躁的丈夫将儿子狠狠地揍了一顿，却毫无作用。

从那以后，儿子由于害怕回家后遭到父母的打骂，索性住进了网吧，在网吧里没日没夜地打游戏，玩得天昏地暗。有一次，杜莉的丈夫将儿子强行拉出网吧，两人还发生了冲突，杜莉的丈夫打了儿子几拳后，儿子最终同意回家。

然而，情况没有任何好转。儿子甚至威胁他们说："你们如果不让我去网吧，我就离家出走，就算死在外边也不回来。"

对此，杜莉夫妇痛苦不堪。

网络依赖症通常分为5种类型：网络游戏依赖，这类人时常沉迷于网络游戏，严重者甚至整天整夜不吃饭、不睡觉；网络关系依赖，这类人沉迷于各类聊天软件中，将大部分的时间和精力倾注于网络关系和虚拟的感情当中；网络色情依赖，这类人沉迷于访问色情网站，浏览色情、淫秽信息或图片；信息收集依赖，这类人消耗大量的时间浏览各个网页，致力于在网上查找和搜集数据、信息或资料；网络购物依赖，这类人沉迷于在网络上搜罗各种商品，不惜花大量的时间和金钱盲目地购买大量物品。杜莉儿子，就属于第一种类型。

"网络依赖症"除了对家庭和生活造成巨大伤害之外，还会对自己的身心健康造成很大的危害。

一、对身体的伤害

长时间使用电子产品容易导致各类骨科疾病，例如颈椎病、腱鞘炎等，还有因为常坐而造成的"三高"，即血压高、血糖高、血脂高也不在少数。还有一种危害是最为直接的，那就是对我们心灵的窗口——眼睛的伤害。对于中高度近视患者而言，长时间沉迷于电脑、手机会导致近视度数进一步增长，更有甚者可能产生并发症，如青光眼、黄斑变性、视网膜脱落等。

二、对心理的伤害

开始是精神上的依赖——渴望上网，而后会发展为躯体依赖，表现为每天起床后情绪低落、思维迟缓、头昏眼花、双手颤抖、疲乏无力和食欲不振，上网以后精神状态才能恢复至正常水平。该病晚期，患者会出现与生理因素无关的体重减轻、外表憔悴，一旦停止上网还会出现急性戒断综合征，甚至有可能采取自残或自杀手段，危害生命安全。

那么如何摆脱“网络依赖症”呢？

第一，要想从中抽身，先要知道自己的依赖程度。记录上网时间，要能认识到自己已经上网上了很长时间了。让自己产生危机感之后,逐渐减少上网的时间。

第二，长期依靠网络工作的人更容易产生网络社交依赖，更要注意合理规划时间，把在网络上用的精力合理分配到现实生活中。

第三，在现实生活中，应当多与亲人、朋友沟通，在工作中，努力让自己获得更多成就。

第四，要学会适当地走出虚拟世界，用旅行等方式放松身心，还可以进行适度的体育锻炼，不做“宅男宅女”。

第五，如果发现自己过分依赖网络且已经影响到自己的日常生活和工作时，可到正规医院的心理专科寻求帮助。在医生的分析下，你会知道是什么在影响并操控着你，从而正确认识自我。

考试焦虑：考前会莫名地紧张

杨颖在一所重点中学读初二。她的学习成绩一直非常优异，一般都是班上前三名。她还是班干部，深得老师和同学们的喜欢。

杨颖的父母非常看重她的学习成绩，只要稍有一次考得不好，他们就会严厉地批评和惩罚她。每当有家庭聚会时，他们总喜欢把杨颖当成炫耀的资本。这让杨颖感到压力很大，但为了不受惩罚，为了让父母有面子，她只好拼命学习。

在初二下学期期中考试之后，杨颖的学习成绩出现了明显的下滑。课堂上以及课后书写作业的时候注意力难以集中。严重的时候会心烦意乱、焦躁不安，甚至有时晚上还会失眠。父母和老师对此感到非常着急,给了杨颖很多安慰和关心。可是杨颖的这种情绪没有得到改善，有时甚至还会大发脾气，莫名哭泣。随着情况越来越严重，杨颖无法再完成作业，一想到考试会有恐惧感，甚至拒绝再去学校。眼看着即将到来的关键的初三以及随后面临的中考，杨颖的父母非常着急，出动了身边的亲戚朋友，想尽了一切办法，可还是无济于事。

杨颖患的是考试焦虑症。这是考试时常见的一种心理现象。就多数人来说，面临重要的或关键性的考试，总会有一些心理压力，产生一定程度的考试焦虑，这是正常的，也是无害的。

但严重的考试焦虑则会产生极大的危害，使人出现注意力分散、记忆受干扰、思维受阻等问题，并威胁着人的身心健康。就像杨颖，因为对考试焦虑，已经产生了非常糟糕的状况。

一、杨颖的考试焦虑原因

1. 过高的期望

父母以及周围的人对杨颖的期望非常高，在这种期望下，杨颖对自己的要求很严格，她觉得不能对不起家人对自己的期望，否则就会感到自责和内疚。长时间的高压及自责影响了她的注意力以及学习效率，而学习成绩下降又会加重她的压力和自责，形成了恶性循环。

2. 自我评价偏差

杨颖认为，考试成绩好家长就会有面子，考试成绩不好就会让家长失望，自己就会对不起家长的养育。杨颖将自我评价完全和外界的评论联系在了一起，而且她对学习的追求也多来自于外部动机。所以，考试才会让她如此焦虑和紧张，以致最后对学习产生恐惧。

考试焦虑的表现形式呈现多样化。比如下面的小张：

小张是大四的学生，学习很刻苦，成绩却不太理想。每逢考试他都很拼命，通宵复习是常事，考试后又常因成绩不好而懊恼不已。

现在又要面临考试了，小张的胃口变得很差，不想吃东西，即使吃下去也会全吐了。好朋友劝他去看医生，他不去，说自己没病，还坚持要去教室复习，准备考试。小张那张原本消瘦的脸上满含着忧郁，一副有气无力的样子。

看着好朋友担忧的眼神，小张沉默了一会儿说："昨天考第一科，我考得很糟，对此我很失望。我花了很多时间去复习，没想到还是考不好。晚自习时，我还老走神。

昨晚，我没睡好，总在想白天的考试，越想越自责。一大早，我不敢多睡，便匆匆去教室看书了。可我越看越觉得很多内容我都没记住，心慌得厉害，脑子也不听使唤了。

午餐我一点胃口也没有，但还是强迫自己吃了点儿，最后也都吐了出来。晚餐也是这样。我很害怕，我可能读不下去了。"

呕吐成了小张考试焦虑的外在表现形式。还有一些人会出现肚子痛、心跳加速、两眼模糊、大脑空白等情况。

考试焦虑症是由内因和外因共同作用而形成的，会给人造成很大的困扰，但这并非不可避免。我们应认真对待这一不良的心理反应，积极寻求预防和控制的对策，以进一步提高考试效率，考出真实水平。

二、克服考试焦虑的注意要点

1. 提前做好心理疏导和预防

可适度降低求胜的动机，因为在考试时，我们的水平已基本"定型"，忧心忡忡没有任何意义，只能是自寻烦恼，有百害而无一利。一切顺其自然，也许会收到意想不到的效果。

在平时要注意培养自己健康的心理品质，克服容易激动、焦躁不安、过于内向等性格缺陷，提高自我控制能力。

考试前要克服各种不良因素的干扰，保证充足的睡眠，防止大脑因活动过度而产生抑制。复习越是紧张，越要保证充足的睡眠，不要熬夜。此外，还可通过适度的体育锻炼来消除疲劳，缓解压力。

考前要适当放松，通过翻阅以前的笔记、书本或试卷来达到“温故”的目的。一般不宜再强记那些难记的内容，不宜再学习那些尚未搞懂的知识，更不要去钻研那些偏、怪、难的题目，否则只会浪费时间，挫伤自信。如此，我们才能保持清醒的头脑，为迎接“大考”做好充分的准备。

2. 进行必要的心理和行为的调节

“胡思乱想”往往是考试焦虑产生的主要诱因。所以，我们要尽可能保持心态平稳，保持平常心，不去想考不好会出现什么情景。

考前，我们可以适当地听听音乐、郊游或参加体育活动，以放松自己紧绷的神经。我们还可以向老师、同学等倾诉自己的烦恼、发表自己的看法，来进行心理释放，以获得新的心理平衡。必要时，还可以使用“精神胜利法”，使自己始终保持一种“胜利的心态”，这对减轻过度的“心理焦虑”也有促进作用。

第五章

职场焦虑：你的努力，永远不会白费

由于工作而产生的焦虑是人生最大的困惑之一。从生存的角度来说，几乎每个人都要工作。特别是现在这种竞争激烈的社会状况，为了追求更美好的生活，人们要面临工作方面的种种不顺和困境，要遇到各种让人感到压力巨大的挑战，这自然而然就会产生焦虑。重要的是积极应对，相信通过自己的努力能改变现状。

低效率焦虑：怎么总有做不完的工作

T女士经营着一家中小型公司。她的工作非常繁忙，有时甚至连吃饭的时间都在工作。她总是觉得自己有做不完的事，根本没有时间休息。她的丈夫也因此和她离婚了。3岁的儿子由她来抚养，但她实在没有时间，就把儿子寄养在自己的父母家，很长时间才去看一次。由于陪伴儿子的时间太少，儿子对她很疏远，而且父母也心怀不满。她忽然觉得十分疲惫，十分孤独。她想抽出时间来陪伴家人，但无穷无尽的工作让她一分钟也不敢懈怠；她想放弃事业，却心有不甘，这些年的努力不能浪费。

面对这种状况，她感到焦虑万分，痛苦不堪。

在社会上，与T女士有相同情况的人不在少数。他们每天都要面对工作做不完的压力，似乎工作没完没了、无穷无尽，在工作的海洋中苦苦挣扎。难道工作真的有那么多，多到令人不堪重负、面临崩溃的境地？

其实，这是效率问题：一方面，没有做好合理的安排，没有有效地利用时间；另一方面，自我控制能力比较弱或者缺乏工作积极性，容易被外界干扰。久而久之，不仅效率低下，也会因为工作无法完成导致焦虑感上升和自信心缺乏。对于T女士而言，更多的原因在于第一条。如果她能做出更加科学合理的时间安排，提高工作效率，一定不会出现那种糟糕的境况。实在不行，她完全可以充分授权，给下面的员工多安排一些任务。其实，不懂得授权也会导致低效率。

一、工作低效率的原因

1. 办事拖拖拉拉

办事拖拉会严重影响我们的工作效率。这主要包括两点：一是目标不够清晰，不知该如何下手；二是本身就有拖延的坏习惯。

2. 无法把握工作的轻重缓急

任何工作都会有不同的重要性，有不同的完成期限。如果在无关紧要的工作上浪费太多的时间，或者把不需要及时完成的工作安排在了前面，这样必然会导致效率不高。

3. 做与工作无关的事情

在工作的时候，有人喜欢做一些与工作无关的事情，比如聊微信、聊QQ、刷空间、刷微博等，这些不良的习惯都会影响工作效率。

4. 工作时总是犹豫不决

在做一项工作之前总是优柔寡断，思来想去拿不定主意，在不知不觉中就把时间浪费了，这种想得多而做得少的行为一定会导致效率低下。

二、提高工作效率的方法

了解了工作低效率的原因，我们就要想办法提高工作效率，从而消除低效率焦虑，让自己每一天都能轻松愉快地工作。

1. 使自己的想法清晰化

明确我们想达到什么具体目标，然后专心致志地去实现这个目标。要让自己每天都有既定的实现目标，才能让自己有成就感，不至于觉得每天都有做不完的事情。

2. 制订实现目标的计划

细心规划各时期的进度，包括每小时、每日、每月的工作进度。只要按照计划进度进行，做到心中有数，必然不会忙乱不堪，心生焦虑。

3. 要有把计划进行到底的决心

下决心将我们的计划坚持到底，不要理会障碍、批评或不利环境，以不懈的毅力和努力来筑起自己的决心。

4. 要区别对待工作，不必“一视同仁”

我们要鉴别工作的轻重，就是哪些要好好对待，好好完成，哪些则可以低质量完成，这一点很重要，可以让我们完成更多的工作。

5. 要懂得放松和休息

休息好才能更好地工作。适当休息一下，让心神得到安静。比如，静静地闭上眼睛、看看窗外的花草树木、听听轻音乐等，让习惯了兴奋和刺激的神经稍微放松一下，这样就更能集中工作的精力。

失业焦虑：这么长时间找不到工作，我该怎么办

很多人失业后长时间找不到合适的工作，就很容易患上焦虑症。工作对于一个人的意义非常大。没有了工作，一方面是经济来源的丧失；另一方面是自我价值的丧失。从物质到精神上的双重打击很容易让一个人焦虑不堪。

有一位女士讲述了自己丈夫的情况：

我和老公从恋爱到现在，在一起两年多了。

老公一直是个温柔体贴顾家男的形象，我就是图他这些特点才嫁给他的。他

经济条件一般，但我从未介意。婚后，通过两个人的努力把车买了，把房子装修好了，眼看着过段时间就要从婆婆这边搬出去过二人世界了，我却知道了很多不为人知的真相。

首先，老公很长时间没工作，却一直瞒着我，用各种手段欺骗我，编造故事让我相信，工资没拿回家就用各种借口欺骗，甚至伪造银行工资短信给我看。被我揭穿后，他的解释是失业后怕我担心，是为了我好才不告诉我的。我介意的是他处心积虑的撒谎和欺骗我，就算出发点是好的，也让我感到很恐怖。其次，最近几个月他变得暴躁了。有一次他把婚纱照砸了，还有一次把新买的微波炉也砸了。最后，我们之间有一点儿问题，他却解释得漏洞百出，我再多问几句，他就会用头撞墙，摆出一副要自杀的架势，这些都让我觉得不可思议！

我现真的很累很困惑，虽然当今社会离婚的夫妻越来越多，但是我自从恋爱那会儿起就是奔着结婚过一辈子去的，况且我们还是有感情的，我不想走上离婚的道路，可是现在这样又让我对他对婚姻渐渐失去了信任和希望。请问，我该怎么办才好？

失业的焦虑给一个人造成了如此大的困惑。为了不让妻子知道自己失业的事，这位老公可谓想尽了各种办法，包括欺骗、作假。当掩盖失业真相的谎言被妻子戳穿之后，他的焦虑更加严重了，脾气暴躁，乱砸东西，甚至不惜用自残、自杀相威胁。

对于一个男人来说,事业是他立身处世的基础。男人失业以后,他会非常焦虑，担心找不到适合的工作，担心别人看不起自己，担心家人幸福难以保证，担心妻子知道后会不理解自己，看不起自己……他的担心太多了，处于焦躁不安的状态。

在辞掉第一份工作之后，我选择去青岛散心，并且在那里待了一个多月。那段时间里，我住在一家青年旅舍，过着打工换食宿的生活。我每天早上帮着阿姨打扫卫生，下午便随处闲逛。表面上看，我似乎过得轻松惬意、优哉游哉，每天有大量的闲暇时间可以到处欣赏美景，不知羡煞多少旁人。但实际上，你却不知道我内心深处有多么不安。

我有些迷茫，对未来感到忧心忡忡和焦虑不安。因为我知道现在这种轻松悠闲的状态是暂时的，我知道自己并不属于那里，所以周围的一切都让我觉得自己是那么格格不入。在那里我没有任何凭借，也抓不到任何东西可以让自己变得更有安全感。可以说，我处于一种孤独、漫无目的的“悠闲”之中。于是，在那种焦虑下，我开始对未来感到不知所措，并且渐渐淡忘对过去工作的种种不满，而去放大之前的种种美好，想着其实那份工作也还不错，当初就是自己脾气太倔，要是能忍一忍就好了。可现实是，我已经离职了，不论上一份工作是好是坏，都跟我没有任何关系了。我能做的就是在焦虑不安中重新考虑找工作的问题。

失业并不可怕，可怕的是我们失去了再就业的勇气。只要坦然地面对“失业”二字，并根据自身的情况积极寻找新的工作，再就业的大门很快就会向我们敞开。

那么，具体来说，我们该如何克服失业的焦虑，找到一个让自己比较满意的工作岗位呢？

一、避免消沉，转移情绪

失业后，很多人会陷入沙发，一手拿着遥控器，一手抱着啤酒或薯片，在自怜的深渊里沉沦。这种逃避消沉的行为只会让自己更加焦虑。要避免这种糟糕的情况，运动是一种非常不错的方法。研究发现，运动能培养人的复原力，让人更能抵抗压力。去户外，跑跑步，做些园艺，或者做一些让自己打起精神的事情，比如给孩子建杂物间、带狗狗去海边都可以。这会帮助我们转移负面的情绪。要知道，负面情绪会让我们在找工作时丧失积极性。

二、眼睛要向前看

面对失业的打击，人们很容易沉溺于过去，以及那些本应该和本可能发生但并未发生的事情。这样做只会助长具有破坏力的情绪——引发愤怒、自怜和无力感。我们应该放眼未来，向前看。机会往往会被向前努力寻找的眼睛发现。

三、不要将失业视为失败

失去工作会让人沮丧，但这并不全是我们的错，我们没有必要太针对自己。我们是谁不在于我们做了什么，以前不，以后也永远不是。心理学家马蒂·塞利格曼（Marty Seligman）的研究发现，在经历任何形式的挫折后又取得成功的人，他们成功的最大的决定因素是如何解读这些挫折。如果我们将失业视作个人的不足或失败的标志，那就会给自己重新寻找工作的信心造成巨大打击。我们应该明白，我们是谁由自己定义，而不是我们的工作和某家公司是否雇用我们决定的。不要把它看成是针对我们个人的拒绝。如果我们能在失去工作之后仍然保持积极和自信，那么许多公司是乐意为我们提供更好的工作机会的。

四、与积极的人在一起

情绪具有传染性。身边的人会影响我们对自己、自身处境及如何改善这一处境的看法。所以，我们要注意自己交往的人，不要陷入那些想要漫长同情聚会的人的旋涡。那样会浪费我们宝贵的时间和精力，对我们重返职场没有任何好处。

我们要与积极的、能激励自己的人在一起，避开那些不能激励自己的人。积极的人能带给我们正能量，增强我们重新找工作的信心。

五、把找工作当作一份工作来做

如果我们的经济条件尚可，既然已经失业，那就借这个机会好好休息一段时间。如果我们的经济条件不好，那就不要休息太长时间。我们要把找工作当作一份工作来做，给自己制订一个求职计划，列出目标和可管理的小步骤，然后安排好一天的优先事项，并有条理地安排时间。这会非常有助于我们尽快找到工作。

六、发掘自己的人际关系网

越多人知道我们想要什么，就有越多人可以帮我们得到它。很多职位从来没有登过招聘启事，只是通过口碑相传和推荐来完成招聘工作的。因此，我们可以充分发掘自己的人际关系网，联系自己认识的人，并争取他们的支持，让他们介绍或联系任何可以帮助我们的人。无论我们做什么，永远都不要低估人际关系网的巨大作用。

七、帮助别人

向别人提供善意的帮助会令我们感觉良好。科学家通过研究发现，善意的行为会和抗抑郁药物一样，在大脑中产生一些令我们"感觉良好"的化学物质。此外，当我们花时间帮助别人时，就会停止思考自己的问题，无形中减轻失业产生的心理压力。同时，帮助别人，我们也有可能获得别人的帮助，如果运气好的话，说不定对方会给予我们获得工作的信息或者机会。

工作倦怠：上班就像喝白开水，没有一点味儿

王先生四十多岁了，十几年的高管经历让他感到非常疲惫。现在，他对自己的工作提不起一点兴趣，每天只是机械地、枯燥地重复着同样的事情。王先生经常感到莫名的焦虑，非常想给自己放个长假，把公司的事抛至九霄云外。就在这时，一个猎头找到了他，为他推荐了一份非常不错的工作，薪酬比现在翻了一番！考虑过后，他还是拒绝了这块到嘴的肥肉，原因是：新工作要求王先生带领团队，为公司开疆拓土。

王先生的这种状态就是典型的"工作倦怠"。一般认为，工作倦怠是个体不能顺利应对工作压力时的一种极端反应，是个体伴随着长时期压力体验下而产生的情感、态度和行为的枯竭状态。工作倦怠的表现是：工作方向不清、激情不足、动力不够、兴趣全无。出现工作懈怠的年龄段大多在35~40岁。

我们都知道，爱情有审美疲劳，再漂亮的美女，看久了，也会成为"一般人"。工作其实也一样，长期处在同一领域，每天接受大量相同的信息，难免会产生厌烦的感觉以及心理上的疲劳，就会失去最初的新鲜感，感到乏味、枯燥，提不起精神，引发工作倦怠症。

患上工作倦怠症的人会敷衍工作。每天踩着点儿来上班，然后坐在电脑前，

浏览浏览新闻，慢腾腾地泡上一杯茶水，和同事侃上几句。好不容易开始工作了，也是本着能偷懒就偷懒、能少干点就少干点的原则，趁老板不在聊会儿 QQ，给某个热闹的八卦论坛灌点水……每天在枯燥无聊中打发时光。

对很多人来说，对所从事的工作厌烦至极，很想逃离，辞职不干，但由于经济方面的压力只能继续工作，这极大地增加了内心的焦虑。

一、产生“工作倦怠”这种现象的原因

1. 主观原因

第一，长期累积的工作压力或挫折打击。

在职场中，处于 35 岁左右的人大部分经过多年打拼，在事业上小有成就，在一定程度上“位高权重”。但同时，面临的压力也日渐加大，比如突破瓶颈的压力、不断涌现的新人对“高位”的冲击等。面对这种情况，一些心理脆弱的“职场老人”便会抱着严防死守的心态，许多事情亲力亲为或将所有事情揽在自己手中。长期的工作压力和过长的工作阵线让纷繁复杂的事情接踵而至，打乱了原本果断有序的工作节奏，改变了原来干净利落的工作风格。工作的不顺利，会不断给人不同程度的挫折和打击，降低人的自信，令人怀疑自身的能力。面对困境，人往往会不断为自己的失败和工作不力找借口，随之产生疲乏和焦虑。

第二，攀比心态。

35~40 岁的职场人士，往往会期望得到比其他人更高的待遇。工作时间长了，工作伙伴、合作伙伴甚至竞争对手之间的交流、对比也会增加。当他们看到经历和能力与自己相似的人职高薪厚，往往会觉得没面子、不平衡，失去了平常心，抱怨越来越多，心态逐渐由波动发展到焦虑，最后完全失去了工作热情。

第三，难以适应变化，出现发展瓶颈。

现如今，社会发展变化非常快，很多知识、技能相应地也会加速更新。这就要求职场人士快速做出变化和提升，以适应社会的发展和工作的新要求。然而，做出改变对许多人来说并不容易，于是就出现了工作发展的瓶颈，停滞不前。特别是一些以前业绩优秀的员工，一方面还沉浸在过去的豪情与骄傲之中，另一方

面却要面对能力无法提升、工作力不从心的落差与困惑。面对过去的辉煌业绩和现在的发展瓶颈以及社会和家庭的多重压力，难免会感到心里纠结、身心俱疲。

2. 客观原因

第一，重复的工作内容。

不管是谁，每天面对相同的工作内容，用同一种模式思考、同一种方法处理问题，都会感到枯燥无味，对已取得的成绩也不会再兴奋，没有成就感。即使企业发展对员工工作能力的要求不断提高，但如果缺乏正确的引导，员工就会失去提升专业水平的动力，导致厌倦工作，心情烦躁，精神不振。另外，如果长期从事自己能力过剩的工作，也会使人心生厌倦。

第二，管理的负面因素和遗留问题的影响。

企业的管理问题往往会给员工造成很大的困惑。比如由于沟通、理解以及思想工作的不畅、不到位，企业员工逐渐认为公司的制度不利于自己的发展；领导的某些处事原则、行为作风使自己的工作环境越来越差，而且看不到改善的迹象。这些管理方面的负面因素、遗留问题和矛盾长期得不到解决，就会让员工对企业、部门、领导的信赖度逐渐降低，从而对自己的职业选择产生怀疑。这种怀疑长期得不到缓解和满足必然引发心理失衡，造成焦虑或抑郁情绪。

二、如何缓解工作倦怠

1. 转换思维，寻找工作中的“新鲜点”

思维方式不同，会产生不同的看法和情绪。看问题的积极方面，就可以产生乐观的情绪；看问题的消极方面，就会产生悲观的情绪。所以，当处在工作倦怠期时，我们应该多去注意工作的优点，多挖掘工作的意义，发现新的挑战，从而寻找工作的乐趣。新的乐趣可以降低每天面对大批量重复信息的厌倦感，唤起工作的激情。

2. 及时倾诉

当我们自觉陷入了工作倦怠的状态时，不妨向家人、朋友或同事倾诉，把心里的消极情感（如焦虑、愤怒、恐惧、挫折等）及时说出来。也许他们会给我们一些恳切的建议，即便不能给我们建议，也可以在心理上给我们一些安慰，舒缓我们的压力和紧张情绪。

3. 心理暗示

其实，大部分时候我们的疲劳、无趣并不是因为工作，而是因为忧虑、紧张或不快的情绪。我们要改变这种状况，可以尝试着“假装”对工作充满热情和兴趣，微笑着去接每一个电话，在上司通知周末加班时从内心叫一声“太好了”，每天早上都给自己打打气……千万不要认为这是很肤浅的事。这是心理学上是非常重要的“心理暗示”。

只要能做好以上几点，我们就能有效地缓解工作焦虑，及时走出工作倦怠期。

下面是一份测试工作倦怠程度的量表，我们可以对自己的情况进行测试。

MBI—GS 工作倦怠量表

该量表是由美国社会心理学家Maslach和Jaskson联合开发的，包含3个纬度：情绪衰竭、玩世不恭和成就感低落。该量表在面世之后得到了广泛的应用和检验，已经被证明具有良好的内部一致性信度、再测信度、结构效度、构想效度等，适用于16岁以上各个行业的所有人群。

一般情况（如果您方便的话，请如实填写，请在□下画√）

1. 年龄：□A. 20~30岁　□B. 31~40岁　□C. 41岁以上

2. 性别：□A男　□B女

3. 婚姻状况：□A. 已婚　□B. 未婚　□C. 离异

4. 文化程度：□A. 中专　□B. 专科　□C. 本科　□D. 研究生

5. 工作年限：□A. 5年以下　□B. 6~10年　□C. 11~20年　□D. 21年以上

请您根据自己的感受和体会，判断它们在您所在的单位或者您身上发生的频率，并在合适的数字上画√。

项目：0—从不；1—极少，一年几次或更少；2—偶尔，一个月一次或者更少；3—经常，一个月几次；4—频繁，每星期一次；5—非常频繁，一星期几次；6—每天。

情绪衰竭（该维度的得分 = 所有题目的得分相加 /5）

1. 工作让我感觉身心疲惫。 0 1 2 3 4 5 6
2. 下班的时候我感到精疲力竭。 0 1 2 3 4 5 6
3. 早晨起床不得不去面对一天的工作时，我感觉非常累。 0 1 2 3 4 5 6
4. 整天工作对我来说确实压力很大。 0 1 2 3 4 5 6
5. 工作让我有快要崩溃的感觉。 0 1 2 3 4 5 6

请您根据自己的感受和体会，判断它们在您所在的单位或者您身上发生的频率，并在合适的数字上画√。

项目：0—从不；1—极少，一年几次或更少；2—偶尔，一个月一次或者更少；3—经常，一个月几次；4—频繁，每星期一次；5—非常频繁，一星期几次；6—每天。

玩世不恭（该维度的得分 = 所有题目的得分相加 /4）

1. 自从开始干这份工作，我对工作越来越不感兴趣。 0 1 2 3 4 5 6
2. 我对工作不像以前那样热心了。 0 1 2 3 4 5 6
3. 我怀疑自己所做工作的意义。 0 1 2 3 4 5 6
4. 我对自己所做工作是否有贡献越来越不关心了。 0 1 2 3 4 5 6

成就感低落（该维度的得分 = 反向计分后，所有题目的得分相加 /6）

1. 我能有效地解决工作中出现的问题（反向计分）。 0 1 2 3 4 5 6
2. 我觉得我在为公司做有用的贡献（反向计分）。 0 1 2 3 4 5 6
3. 在我看来，我擅长于自己的工作（反向计分）。 0 1 2 3 4 5 6
4. 当完成工作上的一些事情时，我感到非常高兴（反向计分）。
   0 1 2 3 4 5 6
5. 我完成了很多有价值的工作（反向计分）。 0 1 2 3 4 5 6
6. 我相信自己能有效地完成各项工作（反向计分）。 0 1 2 3 4 5 6

得分在 50 分以下者，工作状态良好；

得分在 50~75 分者，存在一定程度的职业倦怠，需进行自我心理调节；

得分在 75~100 分者，建议休假，离开工作岗位一段时间进行调整；

得分在 100 分以上者，建议咨询心理医生，或辞职，或换个工作，这样或许会更有益。

节后综合征：收假后心烦意乱，没心思工作

曹梅结束了纵情玩乐的七天长假回到办公室，当她拿起熟悉的财务报表时，却发现自己失去了一贯的反应能力，对着一堆数字，头脑呈空白状态，强迫自己多看一会儿，又开始头昏脑涨。

和曹梅在同一个部门的同事，情绪都不好。比如老王，上班后一直心跳很快，去医务室做检查，发现他的血压很高。

还有杜峰，这个假期选择了回老家，昨日才回到广州。“在老家待了一周，日子过得轻松安逸，不用想着工作，没有压力。”假期结束的前两天，杜峰就开始焦虑了。他说，一想到又要开始工作就觉得很烦躁。

张娜则打着哈欠说：“晚上要做个眼部护理，熬了几天夜都有黑眼圈了。放假一点儿也不轻松，家里来了特别多人，每次都要洗一堆碗碟。一想到要上班了，就觉得浑身不舒服。”因为紧张上班，张娜假期的最后一天是在焦虑中度过的。

长假结束了，很多人并没因为休假而精神饱满，相反还出现了各种各样的“节后综合征”。

智联招聘曾经做过一项5000人参与的调查，当问及“长假过后，你是否有上班恐惧症”时，有48.1%的人表示有此症状，这一比例接近半数。由此可见，节后上班成为让白领们焦虑的事情。

从心理学上讲，人们在长假前一直处于高度紧张的工作压力下，长期下来作为一种应激机制，心理和身体会相应地建立起高度紧张的思维和运作模式，使人能适应高度紧张的生活和工作方式，如果突然停下来无事可干，原来那种适应高度紧张的心理模式，面对宽松无事的环境的确会出现不适应的现象，产生失落感。经过几天的适应后，人的心理会进入一种松弛的状态，并享受这种状态。当假期结束，节后松弛的心理状态又要调整到高度紧张的心理模式，再度适应紧张的工作环境，这必然会让人感到焦虑，出现“节后综合征”。

人由放松休闲进入紧张有序的工作状态，出现心理落差及身体不适是正常反应，这并非一种疾病，而是一种可以理解的负面情绪。这里的关键是要及时清除这些负面情绪，缓解焦虑，尽快以饱满的精神状态投入到工作中去。

那么，我们应该如何应对“节后综合征”呢？

一、要学会收心

要抓紧时间“收心”，从生活到作息都要调整，将自己的心力和心态都调整回工作上去。

首先，要认真调节生物钟。长假玩乐过度，甚至通宵喝酒、聊天、打牌等，打乱了人体正常的生物钟，造成“睡眠紊乱”。我们可通过休息或给身体补充营养来调整生物钟。我们要做到起居有序，要保证有足够的睡眠时间；要早睡早起，并积极锻炼身体，如步行、慢跑，让自己心跳加快并出汗。我们还可以在上班前好好洗个澡，以有效消除疲劳。

二、要有意识地给自己施压

上班后一定要安排好一天的工作，做好工作计划和时间安排，一天中要做几件重要的事情，把自己的精力放在这些事情上。如果能更多地关注这些事情就会慢慢地让自己恢复到正常的工作状态。也可以给自己多安排一些工作，给自己多一些压力，让较大一点的压力带我们进入到工作状态中去。压力会让人感觉不舒服，但是压力可以让人忙起来，从而快速恢复以往的工作状态。

心理过敏：领导批评我了，是不是要开除我

在生活中，我们会遇到酒精过敏、药物过敏、花粉过敏的人。但是，你是否知道还有一种过敏叫心理过敏？

心理过敏是指某一特殊生活事件引起了某种异常的心理反应，以后当遇到类似的生活事件时，出现与过去相同的异常心理反应。心理过敏大多是对事物思虑过多而引起的，其结果会使一些简单的事情复杂化。具有这种心理的人往往会因为别人不经意的一个眼神、一个手势或者一句话，而产生过分的恐慌与不安。

我是一个特别敏感的人，特别在乎别人说的话。我害怕与人交流，但又渴望与人交流，渴望欢乐。由于一些事情的发生，我现在变得更加悲观、自卑、抑郁，我觉得自己什么都不如别人，这已经严重影响我的身体健康了。

此人由于心理过敏给自己带来了诸多的困扰和痛苦。心理过敏的特征就是想得太多，过分夸大自己想象的负面事情。在这个过程中，心理过敏的人由于缺乏自信，又特别在乎别人的看法，希望在别人眼里留下完美的形象，从而过分在意自己的行为后果，不自觉地夸大了失误造成的损失；或者具有过分敏感的自尊，常把他人的好意当成针对自己的攻击，头脑中有一个严阵以待的防卫机制，神经过于敏感。这种敏感的神经常常会牵制我们的思维，左右我们的行为，破坏我们的人脉，甚至损害我们的健康。

为了加深对心理过敏的研究，心理医师曾以大学生为对象做了一个实验。实验分成两组：一组学生的心理敏感度较高；另一组学生的心理敏感度正常。实验者要求他们一律蒙上眼睛,去解决“铁笔迷津”的问题。对于所有的被试者来说，这都是一个新的学习任务，而且被试者过去的经验不仅对他们没有帮助，反而会是一种障碍，要解决这一问题，必须具有随机应变的能力。

具有正常心理敏感度的被试者，往往会设想只要自己练习几次就一定能成功，即使失败了，也只会认为自己不善于做这类问题而已。反观心理敏感度较高的被试者，由于缺乏自身的价值感，他们对自己有能力处理这类问题的信心本来就不足，当去掉了惯用的视觉线索而不得不依靠随机应变的技能时，就会感到非常恐慌，并因此出现了许多不应有的错误。

心理过敏是一种心理疾病，如果长期累积，极易诱发各种疾病，对人体造成不可估量的损伤。那么，怎样才能预防和改变这种状况呢?

一、正确地认识自己

要知道,我们每一个人都是不可替代的,但也没有一个人能事事优秀。因此，我们要有宽大的胸怀,敢于公开自己的优缺点,要有“走自己的路,让别人说去吧”的勇气，而不是尽力去掩饰一切。

二、自我调适，降低期望

心理过敏是心病，心病就要用心药来医。这个心药就是降低期望值，把自己看成一个普通人，融入亲朋好友中，开阔心胸，在真诚和平等中解放自己，快乐地生活。

三、加强沟通，排除阴影

既然心理过敏的人总爱以想当然的方式去观察世界，从而给自己增加心理负担，那么主动和相关当事人进行沟通和交流，获取现实的信息，排解掉自以为是的心理阴影，就显得尤为重要。

四、发现纯美，不抱偏见

当抱有偏见时，我们往往难以发现生活中的真善美。所以，当我们的想法跟别人不一样时，我们首先要摒除出于敏感而产生的偏见，用换位思考的方式来对待，深入调查一下，看一看猜疑与事实是否相符，也许问题就在调查与思考中解决了。

五、培养兴趣，提升自己

适当培养自己的兴趣，参加一些有益身心的娱乐活动，不仅可以增进人际交往，纠正自己的偏执心理，还可以提升自信。

心理过敏是过分注重了生活的细节，反而被细节伤着了。工作和生活中有许多细节常常是被我们忽略的，忽略有时是我们身体自我保护机制的一部分，是一种有效的心理缓冲剂。古语道："水至清则无鱼。"如果我们过分注重了水之清澈，反而于生存不利。因此，我们在工作和生活中，应该学会在排斥异物的同时与其共处，而且要处得愉快，这样才会让自己工作轻松，人生精彩，才不会在焦虑的痛苦中挣扎。

过度追求完美：我一定要让老板看到我最好的一面

在工作的过程中，追求完美是一种值得被提倡的品德。但是，如果不看现实情况，把标准定得过高，过度追求完美，则往往会给自己造成巨大的困扰，产生不必要的焦虑。

其实，由完美主义产生的焦虑在本质上来说是对自我的不接纳，不允许自己有阴影，只能有光明面，好的一面，优秀的一面。其目的是让自己变得更理想、更强大，有一个美好的自我形象。比如，职场上的有些人会刻意向领导表现自己，"要让老板看到我最好的一面""要让领导认为我是最优秀的员工"。如果自己不好的一面让领导不小心看到了，他们就会担心得不得了，焦躁不安。

《好心情：新情绪疗法》的作者大卫·伯恩斯（David Burns）从超过 3.5 万的咨询谈话中了解到，凡事追求完美，必然会破坏快乐和生产率。他认为，以健康的方式追求卓越和神经质的完美主义是两码事。在极端的情况下，完美主义会变成一种失调病症。

所以，我们要提倡以健康的方式追求卓越，避免以极端的方式追求完美。英国首相丘吉尔有句名言：完美主义等于瘫痪。这句话很精辟地阐明了完美主义者的害处。具体来说，过度追求完美的害处有以下 3 点。

一、降低工作效率，增加做事成本

与过度追求完美的人合作很痛苦，无论他是我们的领导、同事，还是合作伙伴。

一个过度追求完美的人，一定是非常苛刻和挑剔的。他对自己如此，对别人也很难例外。比如一个过度追求完美的领导，他会因为一个无伤大雅的小瑕疵而勃然大怒，把下属骂得狗血淋头；他会为了达到完美的效果，一再推迟“最后期限”，最终让整个团队失信于人；他会在下属费了九牛二虎之力进行了无数次改进之后，才勉强点头，还流露出一副不满的神情，整个团队的劳动得不到领导的肯定，每个队员都为自己达不到领导的要求而怀疑自己无能。

如果同事或合作伙伴过度追求完美，他会让别人一直陪着他抠细节，而不顾他人的时间安排。说得严重一点儿，那是自私的表现。这样的人，不会成为受人欢迎的合作对象。

而过度追求完美，必定会降低效率，在一定程度上耽误工作，增加工作成本，甚至给团队造成很大的损失。

比如日报社，每天的工作跟打仗似的，每个版面都有固定的签版时间，人与人的工作环环相扣，如果这个环节晚了，就会影响下一个环节，最后影响整个签版时间，进而影响报纸的印刷、出版时间。不能按时印刷，就意味着不能准时让读者获得报纸。而日报的生命只有一天，如果不能按时出版、发行，再完美的报纸也没人买、没人看，它也就失去了存在的价值，整个团队的劳动都白费了。所以，在条件允许的范围内，追求适度的完美才是最正确的选择。

二、给自己造成巨大的困扰和折磨

心理学家表示，过度追求完美其实是一种自我强求，是对不可能达到的境界的一种强求。它只追求结果，不在乎过程。所以，完美主义者身上所折射出来的就是为了结果而没完没了地自我折磨。

肖红是一个追求完美的人，她对自己设计的效果图要求非常严格，任何的小瑕疵她都要花很长时间去修改。有时忙了一天，到了晚上快要休息了，忽然想起白天自己设计的图纸可能有个别地方有缺陷，她就会打开电脑，把设计图找出来，仔细地修改到深夜，甚至到天亮。

王凯看到女友如此操劳，很是心疼，就劝她多注意身体。可是无论王凯怎么说，肖红就是不听，每天依旧投入大量的时间在自己的工作上。在王凯看来，肖红已经做得非常好了，可是肖红却不满意，她总怕自己什么地方会出错。以至于她每天早晨起床后第一件要做的事情不是吃早饭，而是开电脑，检查自己设计的效果图。

慢慢地，肖红的精神状况似乎出了点问题，她变得越来越挑剔、暴躁，动不动就发脾气。对此，王凯很无奈。现在肖红每天回到家就坐在电脑前修改图纸，根本就不搭理王凯。两个人的关系也变得越来越差了。

网易公开课幸福讲堂讲师、哈佛教授泰勒·本·沙哈尔（TalBen Shahar）曾说过："完美主义其实是一种对失败的失能性恐惧。""所谓'失能'是因为害怕失败而徘徊不前的畏惧，尤其是在他在意的事情上，会保持某种执着的态度。"他认为，完美主义者有较强的自卫性，害怕他人将自己视为失败者，他们渴望通过捷径获得成功，世界对他们来说，总是非黑即白。上面案例中的肖红就是这样的人。

三、给人际交往造成困难

世界上从来不存在"完美"的标准，所以就有了"金无足赤，人无完人"这句话。诚然，追求完美是一种积极的人生态度，是对自己提出的更高要求。但是对于事情的结果，对于我们所相处的人，则不要苛求完美，否则就会像水中捞月一样让人失望。没有人会喜欢和一个非常挑剔、什么都要求十全十美的人交往。

想想我们的朋友或者爱人，是不是都因为有一些小毛病而显得更真实可爱呢？这些缺点的存在让我们形成互补，从而达到一种微妙的平衡，让我们在处理友情或者亲密关系的时候才能学会包容。如果他们没有一丝缺点，完美得如同一座座圣洁的雪山，就会让我们感到敬畏而不敢接近，让我们很难用平等的心态维系彼此的关系，而平等正是友谊乃至婚恋的基石。没有平等的心态，就无法真正参与彼此的生活和成长，这种关系便很难长期维持。

对我们自己而言，过度的完美往往会成为一种沉重的负担。要知道，这个世界上没有人会完美无缺，与其把自己放在完美的神坛上，时时担心暴露不完美的一面，倒不如接受自己的不完美，容忍自己偶尔犯错，正确认识到自己并非无所不能。这样，我们紧绷的神经才会放松下来，疲惫的身心也才有机会得到休整。

所以，不管是工作，还是待人接物，我们固然要尽己所能，做到最好，但也不需太过苛求。当一个人为了追逐幸福的尾巴而不顾一切时，反而因为以偏概全的缘故，离幸福更加遥远了。

我们要清楚地认识到一个人的能力是有限的，所以我们要允许自己有所不能，有所不为。对能力之内的事我们要全力以赴，对能力之外的事我们可以接受它，如此一来，我们就能远离焦虑，获得平安和快乐。

晋升焦虑：为什么我总得不到升职

在工作中，升职是绝大部分人的目标。因为升职意味着加薪，意味着被认可，意味着有更好的前途。于是，是否能升职对人们的正常工作情绪造成了很大的影响，有些人甚至出现了“升职焦虑症”。

付飞龙在一家公司的部门经理的位置上干了3年，算是资深经理了。他的工作能力出色，所管理的部门业绩也非常不错。前不久，公司的总经理升迁了，副总经理顺理成章地当上了总经理，于是就留出一个副总经理的空缺。付飞龙觉得无论从资历、业务能力还是跟领导的关系等方面来讲，他都是副总经理的理想人选，周围的同事也都是这样认为的。可是，在总经理公布副总经理的人选时，他傻眼了，是一个比他还年轻的同事。随后几天，付飞龙表面上看起来若无其事，心里却满腹疑团：“凭什么他当副总经理？他哪里比我强了？我真是没脸见人了！”连续好几天，他满脑子都是这些问题。

就这样过了一个星期，付飞龙失眠了，而且非常烦躁，动不动就对家人发脾气，在单位工作也提不起精神，对什么事情都感到很悲观。后来，他还出现了心慌、看到饭菜就恶心的症状。他曾一度怀疑自己得了什么绝症。担心之余，他瞒着家人和同事偷偷来到医院检查。医生告诉他，他患上了“升职焦虑症”，要尽快进行心理疏导，否则他的症状还会不断加重，甚至会引发抑郁症等重度精神疾病。

追求升职没有错，这是上进的表现，但如果太在意这件事，甚至因此而焦虑，严重影响正常的工作和生活就不对了。

现在，大多数的职场人都有一种根深蒂固的观念：如果一个人想过上好日子，就必须在进入职场后努力向上爬，当上领导。这种观念本身就会让我们产生压力。

这类人群心情通常都很压抑，他们有能力，工作出色，业绩非凡，人缘也不错，且任劳任怨。可每次人员变动时，幸运之神都不眷顾他们。其实，这种焦虑是正常的。在职场中遇到这种情况时，很多人都想不通：到底是为什么？这么努力，还有哪里做得不好吗？领导是怎么想的？相信很多人在遇到这种情况时，这些问题都会浮现在脑海中。这时最好与领导真诚地沟通一下，解决内心的疑问。如果领导没注意到我们的努力和业绩，那就让他注意到；如果我们哪些地方还有缺点，就尽快改正；如果领导从来没考虑过我们的升职计划，那我们可以跳槽，寻找可以发挥自己能力的舞台来展现自己。

有些人是因为没有升职而焦虑，有些人则是因为升职了而焦虑。因为升职既意味着加薪和被认可，也意味着责任和担当。

当我们走上新的领导岗位时，兴奋之余，压力也就来了。因为从此刻开始，无论发生什么，我们都要为其负责了。我们就是领导者，我们必须做出艰难的决策，必须做出自己的判断。

安东尼是一家公司的营销经理，凭借着优异的业绩和卓越的才能，他被提拔到了董事会。董事长暗示他将担任下一任首席执行官。几天的忙碌之后，他首次出席了公司的董事会会议。当走向会议室时，他看到一张张熟悉的面孔在向他表示祝贺。但是，不知道为什么，他就是听不到任何声音——似乎有一扇玻璃窗将他和大家隔离开了。

当大家围桌而坐的时候，他开始感到头晕目眩，心脏狂跳不止。随后，他意识到，在场的所有人都在看着自己。突然，他被紧张和不安彻底吞没了。只见他起身推开椅子，冲向了门口。当大楼外的清凉空气吹拂在脸上时，他才觉得惊慌在慢慢褪去。

当他再次回到会议室时，董事长问他怎么了。此前他们一直很熟悉的那个安东尼——一个天才领导者，一个勇于进取的人，一个在危机中保持头脑冷静的人——居然不安地逃出了会议室。这可不是他们希望看到的他作为董事会成员第一天的表现。

一天以后，安东尼向一位同事解释了之前发生的事情。一开始，他觉得很有信心，可当他走向会议室的时候，他开始感到惶恐，他觉得每个人都对他怀有这样的期待——他很清楚自己应该做什么、说什么。因为担心自己无法控制惊恐的感觉，所以，他迅速逃离了会议室。后来，他终于弄清楚原因了。他上一次出现这种恐慌的感觉，是在15年前父亲去世的时候。当时，他不知道自己应该干什么，可他面对的是家人对他的期待。他强压着悲痛，尽管内心充满了恐慌，可依然佯装自己很清楚该干什么。

很显然，这个新角色激起了他同样的焦虑感，而这种焦虑感则激活了他过去经历的那个未曾得到消解的深切感受。值得庆幸的是，安东尼恢复了平静，并在新角色中取得了成功。

然而，有些新晋升的高管则没有安东尼那么幸运，他们成了焦虑的牺牲品，就在他们应该平步青云的时候，焦虑却让他们偏离了轨道。

那么，我们应该如何应对这种晋升焦虑呢？

一、尽快熟悉新的岗位，树立起扮演好新角色的信心

当然，新问题、新麻烦一定不会少，关键是要有能做好工作的信心。

二、要充分利用下属

我们的主要目标是组织下属一起完成任务而不是靠自己一个人去奋战。只要充分发挥下属的特长，协调好各种关系，我们就没必要为晋升后遇到新问题而焦虑了。

三、获得上级的帮助

任何时候，我们的上级都是自己最强有力的支持者，他提拔了我们也就意味着他愿意做我们的教练和老师，他会给我们必要的支持和建议。所以，如果感到新工作的压力并为此焦虑时，我们完全可以和上级交流并请求他给我们提些建议。

如果我们能真正做好这些，晋升的焦虑将很快会离我们而去。

跳槽焦虑：我能找到更好的工作

在职场上，有一些人会频繁跳槽。在他们的内心深处有一个声音特别洪亮：“我能找到更好的工作。”然而，现实有时是非常残酷的，不是每一个人都能通过跳槽找到更好的工作，有许多人由于盲目行动，结果越跳越不好。那些怀念以前工作的人不在少数，而他们的懊恼和焦虑可想而知。

“你为什么会这么频繁地更换工作？”每场招聘会上，胡伟峰都会遇到这样的问题。现在，只要对方一提到这个问题，胡伟峰就会有一种恐惧的感觉。

胡伟峰学的是平面设计专业，毕业两年多，他已经换了 5 家公司，在一家公司待的最长时间是 8 个月。而从上一家公司辞职以后，他已经在家待业三个多月了。为了尽快找到新工作，最近他频繁参加各种专场招聘会。然而，频繁跳槽的经历却让他几次遭遇尴尬。每每递上简历后，招聘方都会问他为何要如此频繁跳槽，还有一些单位因此直接将他拒之门外。多次应聘失败之后，自信心受到严重打击，胡伟峰感到非常焦虑。“以前，我觉得在这么多家公司工作过的经历可以让应聘单位认为我的工作经验很丰富，没想到却成了找工作的‘绊脚石’。”

一家著名的职业咨询机构通过研究发现，像胡伟峰这样有“跳槽焦虑症”的人不在少数，尤其是工作了两三年的年轻白领，是“跳槽焦虑症”的高发群体。

“跳槽焦虑症”的诱发“病因”很多，主要包括以下 3 点。

一、不满足，追求快速回报

在为跳槽而焦虑的人群中，大部分人是因为对工作现状不满。他们在工作了几年之后，认为自己已经有了相当的价值，能力、经验、贡献都达到了一定的水准，而自己的职位、薪水却并没有达到理想的状态。于是，他们开始寻找“更高的山头”，在各大招聘类网站寻求信息，并投出简历。只要有机会，他们就会果断地行动。如果机会迟迟不来，他们就会焦虑不堪。

二、激情有余，理性不足

“跳槽焦虑症”的高发群体是工作了两三年的都市白领。他们中大部分人还没有结婚，没有来自家庭的负担和责任，因此他们不惧怕风险，更愿意去冒险。而且，年轻人野心勃勃，幻想着未来的风光生活，愿意为了这份梦想而放弃安定。但是，光有激情往往还不能成功，重要的是必须要有良好的职业规划。有一家职业咨询机构曾经做过调查，发现至少有6成以上跳槽者比较盲目，缺乏严谨的规划。这样的跳槽结果往往会失败，而失败导致跳槽者内心的压力更大，焦虑更甚，于是又急忙寻找下一份工作，如此进入恶性循环。

三、想要快速壮大自己

还有一些人，他们频繁跳槽的目的在于充实自己的经历，壮大自己的实力。他们认为，跳槽多、涉及的岗位多、行业多就是有实力的表现，在越多的公司工作过，就越能证明自己有能力。因此，他们不喜欢在一家公司待太长时间，每到一个地方工作不久就想跳槽。而这样没有方向和缺乏职业规划的胡乱跳槽，最终是弊大于利。

所以，我们必须要警惕"跳槽焦虑症"的侵袭。当我们有了跳槽的念头时，一定要先想好，究竟怎样的路适合自己，跳槽是否有利于个人职业生涯的下一步发展。

一个人要想在职场上有所成长，就要从阶梯的最低一级拾级而上，一步一步地往上走，而不能急功近利。我们应及早对自己的职业做好规划，认准一个目标，沉下心来不断地努力工作，一步步地向着目标前进。

第六章

婚姻家庭焦虑:
殿堂还是坟墓，关键在于经营

执子之手，与子偕老。美好的爱情和婚姻人人都向往。但在现实生活中，情况要复杂得多，而焦虑也就由此而生。其实，婚姻家庭需要共同努力和用心经营，这样才会更幸福。

相亲恐惧症：又要相亲，烦死了

现代社会工作和生活的节奏越来越快，导致很多青年男女把自己固封在特定的圈子里，很难有时间和机会谈恋爱，所以老大不小了还单身，成为“剩男”或“剩女”。这下可急坏了他们的父母，纷纷张罗着给孩子找对象，让孩子去相亲。长辈们的出发点是好的，谁也不希望自己的孩子一辈子单身。可是，物极必反。长辈“逼”孩子“相亲”多次后，不但没成功，反而让孩子患上了相亲恐惧症。

相亲恐惧症是恐惧症的一种，是指对相亲由厌烦、厌恶转为害怕和恐惧，进而产生严重抗拒的一种精神疾病。

该症符合恐惧症的一般症状，是以焦虑、恐惧症状为主要临床表现的神经症。当事人极力回避所害怕的处境，虽然他本人也知道害怕是过分的、不应该的或不合理的，但他并不能阻止恐惧发作。

其实，对于大部分单身大龄青年男女来说，他们并非真的有意抗拒婚姻，而是没做好结婚的准备。而相亲的方式有时又显得过于功利，会让人内心产生某种不好的心理，觉得尴尬。由此，不少大龄单身男女对于相亲便有了抵触与恐惧心理。

具体来说，相亲恐惧症产生的原因大致有以下 3 个：

第一，与个人的性格有关，性格内向的人可能排斥一切社交活动，包括相亲；

第二，有的人屡次相亲失败，导致自信心不足，又刻意想给人留下好印象，以“成败在此一举”的心态去相亲，不患恐惧症才怪；

第三，长辈的唠叨或是粗暴干涉可能会给相亲者留下心理阴影，同样容易让人患上相亲恐惧症。

如果我们能采取恰当的措施，是完全可以避免相亲恐惧症的。

一、要端正相亲的态度，不要把相亲看得太沉重

其实，相亲是一件很简单的事情，没那么恐怖，但有的人还没开始相亲，就已经背上了沉重的思想包袱和巨大的心理压力。我们为什么不把相亲当成认识异性朋友的一种方式与手段呢？当我们放下那些没有必要的顾虑，轻松自如地出席相亲场合，并把相亲对象当成一个新朋友，然后找一些共同话题来聊一聊，也许相亲就不会出现尴尬与冷场的状况。

二、不必在乎相亲结果，好好享受相亲的过程

很多人的功利心比较重，在感情方面也是如此。因此，他们非常在乎相亲的结果。其实,完全没有必要。如果彼此看对眼了,觉得双方在一起很开心、很舒服、很自在，那么皆大欢喜。万一相亲结果不尽如人意，彼此都没看上对方或是有缘无分，也没关系。所以，我们应该放下对相亲的恐惧，放轻松，好好享受相亲的过程就好。

三、如果不想相亲，请直接拒绝

如果内心的确还没有结婚的打算，那么我们可以选择拒绝，没必要为难自己。当然，在说服父母的前提下，我们要先说服自己。我们要明白，自己到底想要一份怎样的感情。我们是只想恋爱不想结婚，还是渴望婚姻，只是当下现阶段自己还没有做好步入婚姻的准备。如果我们决定这辈子就一个人过，那么就要做好一个人过一辈子的准备；如果我们还想要婚姻，想要天伦之乐，那么就应该好好谋划与准备，这种准备包括经济、精神、身体等各个方面。

单身焦虑：朋友都结婚了，我还在单飞

对于大龄青年而言，出现单身焦虑很正常。毕竟婚姻是人生大事，如果长期单身，总有人会着急。

我们来看一下下面这个案例：

虽然我今年37岁了，但是我的感情之路却颇为不顺，以前经历过几段感情都没能走进婚姻。同龄朋友的孩子都已经上学了，而我却还在单飞。我真的很焦虑，每天都睡不着，我该怎么办？

我长得不差，也算是一个好青年，没有不良嗜好，但就是感情上特别不顺。年轻时，我单恋一个女孩，然而4年的努力却只换来无情的拒绝，我只能无奈挥泪斩情丝。之后，我经历过几段不长的感情，最后都失败了。我一直自我感觉良好，因为之前给我介绍女朋友的人还挺多的，但从今年开始，突然就没有了，而我也因此变得焦虑不已。

现在，我正和去年过年前认识的一个女孩谈恋爱，但那个女孩不是我喜欢的类型，交往一年了，连手都没拉过，也没见过几次面。我想放弃，但放弃了又觉得不甘心，不放弃又真心没感觉，好尴尬的处境！

难道我真的要孤单一辈子吗？还是顺其自然跟现在这个人结婚，但是这种没有感情的婚姻能持久吗？我很怕害人害己，恋爱时不喜欢结婚后能和谐地在一起生活吗？

对于普通人来说，快到中年了还没有结婚，这确实是个问题。自我的压力，世俗的压力，所有的这些都成为焦虑的根源。

其实，从心理学的角度来说，单身焦虑的内因可以从这两个方面来解释：第一个方面是看到别人成双成对，幸福甜蜜，而自己却形单影只，这种对比让人觉得不甘心，出现心理不平衡；第二个方面是一种挫败和失望——找对象、结婚这种事情明明并不是特别难，而且绝大多数人都完成了，而自己却成了个例外。

这两个方面的内因归根结底是掌控感的缺失。掌控感是人的最基本需求，没有了掌控感，人就会慌乱、焦虑、害怕。单身焦虑就是一个人因为感到在结婚这个事情上失控了，解决不了，从而产生的非常糟糕的情绪。这时，有的人便会被情绪打败，破罐子破摔，自暴自弃。为了克服这种情绪，很多人喜欢把原因归结于外在条件，比如"还没有遇到对的人""好男人太少""没有眼缘"等。这样的自我说服，是将不可控因素和自己的掌控感剥离开，从而在失望的情况下依然对自己抱有信心。

但是这样的思维方式，反而是在进一步剥夺自己的掌控感，因为问题的解决最后都归结于概率、运气了，这将会使自己更加感到无能为力。这种方式只能带来一时的心理安慰，久而久之会使自己承受更多的心理负担。随着年龄的不断增长，结婚的概率看似越来越小，焦虑的情绪自然会越来越多。这样会使自己进入一种恶性循环之中。

所以，我们要尽量增强自己的掌控感，从而走出单身焦虑。

一、增加对脱单问题的掌控感

我们要解决好脱单问题就必须先对这个问题有清晰的认识。我们来看一下下面这 9 个问题：

目前你对自己找不到伴侣，长期单身的障碍是否认识清楚？

是否有足够的渠道认识异性？

是否有还未尝试的渠道？

到了社交场合是否懂得和他人交流？

你和别人交流的过程是否可以自然、愉快，给对方留下良好的印象？

你是否懂得打扮自己？

你是否善于判断各种类型的人？

你是否清楚什么样的人吸引你，什么样的人适合与你为伴？

你期望从伴侣身上获得什么？你是否知道怎样将关系推进，最终进入恋情？

对于前 8 个问题，如果你的回答是“否”，那么就要想办法解决这些问题；对于第 9 个问题，则需要认真思考，必须要有一个明确清晰的答案。如果这些问题都解决了，那么你的单身焦虑也就解决了。

二、增加对自己生活总体上的掌控感

我们可以通过增强对生活其他方面的掌控感来补偿自己在感情上的无力感。如果我们对生活其他方面的掌控感增强之后，当情感方面的压力降临时，我们就会有更强大的抗压力。而且，当我们习惯了一切由自己决定、自己承担的时候，感情问题对我们来说可能就只是生活中的一件小事而已了。

恋爱焦虑：爱并痛苦着

“焦虑和爱几乎是孪生的。

恋爱的时候，又怎么能全是欢乐？

情绪忽高忽低，琐碎无比。

所以它才异常珍贵。

爱情本来就是奢侈品，得到的人在焦虑，得不到的人也在焦虑。”

这是对恋爱焦虑的生动描写。在现实生活中，这种例子非常多。比如下面这个女孩：

我正在热恋中，我的男朋友是一位工程师，由于工作需要经常出差。一周前，他去日本考察，一个月后才能回来。此刻，我对他有一日不见如隔三秋般的感觉。我终日精神不振，吃不好也睡不好，还不能集中精力工作。

恋爱焦虑可以用一句话来总结，那就是“爱并痛苦着”。一个人如果陷得很深，就会出现恋爱依赖，觉得完全离不开对方了。而且他会变得非常敏感，对方的一举一动都会成为自己情感波动的诱因。

我是一名女生。在恋爱的过程中，我需要对方不断地证明他爱我。如果对方很黏我或者表现出离不开我，我才会觉得安心。如果对方没有立即回我的信息，我的心情就会变得很糟糕，觉得他不爱我或者不在乎我了。如果对方说出我的缺点或者我们吵架了，我就会认为对方不再像以前那样爱我了。如果对方和其他女性相处得很好，我就会想他会不会背叛我。要命的是，我还觉得付出太多对方会不珍惜。想对他好时，我会不断地告诉自己不要这样，不然他会得寸进尺不珍惜自己。

我很想信任他，但是更怕被欺骗，不敢信任，可是我觉得我这样真的很不好，不仅影响自己的心情，更加影响感情，时间一长他肯定也受不了。可是，我就是控制不住自己。

上面案例中这个女孩的恋爱焦虑，从心理学的角度来说，应该是一种“恐爱”的表现。她缺乏爱的安全感，从而出现多疑、不信任、黏人等行为。

心理学家阿比盖尔·布伦纳（Abigail Brenner）认为，人们对爱的恐惧往往基于以下 6 个原因。

一、真正的爱使我们感到脆弱

爱不仅包含了浪漫的激情，更包含了妥协甚至牺牲，也包含了对单身时个人习惯的颠覆。一段全新的、认真的关系，意味着两个人要在未知的旅程中开拓出一个彼此共享的领域。这片领域是如此庞大而难以预测，会激发我们每个人对于“未知”与生俱来的恐惧。

坠入爱河，同时意味着不得不承受巨大的风险：我们需要给予对方极大的信任，接受对方的影响，这些都使我们变得脆弱。这时，我们内心的防御心理就会受到挑战。

二、爱往往是不平等的

在现实的爱情中，双方是很难对等的。

一些人害怕“自己爱对方胜于对方爱自己”，担心自己会陷入一种被动的状态；另一些人害怕“对方爱自己胜于自己爱对方”，担心与对方在一起后，自己的感情无法更进一步，从而满足不了对方的预期，使对方受伤。

对感情不对等的担心，会给我们造成困扰，阻碍我们情感的自然发展。

三、爱会挑战我们旧有的自我认知

许多人都会怀疑自我的价值。在他们内心总会有一个声音，像某个残忍的批评者一直在低吟：“你一文不值。你不值得被爱。你不配得到幸福。”

这个声音可能来源于我们童年时痛苦的经历、早年父母严厉的批评、过去感情中受到的抛弃和创伤等。尽管时间流逝，这些负面的念头却深深地刻在了我们的脑海里。它们不但会对我们如何看待身边的人造成巨大影响，也会改变我们在爱情中的行为，成为阻碍亲密关系的因素。

这时，假如有人想要亲近我们、夸赞我们、爱我们，我们就会感到局促不安，想要逃走。我们会不自觉地表现出防御的态度——因为他们的爱意和举动，挑战了我们的自我认知，诱发了我们以前的痛苦体验。

四、最真的欢乐，也会带来最真的伤痛

很少有人会意识到，爱和亲密关系是一种变革的力量。爱把两个人聚在一起，共享彼此的人生，一起面对许多复杂的问题。我们一方面能够感受到爱情带来的欢乐，另一方面也能预感到未来可能出现的困难和痛苦。

因为过于担心它可能带来的痛苦，我们开始变得犹豫不决，因此也拒绝完全

投入这份感情。

五、爱会破坏与原生家庭的联系

爱情是我们成长的标志。它表示我们以一种独立自主的方式开展自己的生活，同时也意味着我们与原生家庭的分离。就像改变旧的自我认知一样，这并不只是一种身体上的分离，也不是字面意义上的放弃，而是在情感层面上的独立——这让很多人感到排斥和抗拒，或者让父母感到抗拒而给孩子许多阻碍。

六、越爱，就越害怕失去

一个人对我们越重要，我们就越害怕失去他。这是人之常情。

因此，一旦坠入爱河，我们不但要面对失去对方的担忧，而且还会感受到自己生命的短暂。为了战胜这种恐惧，有相当一部分人会为一些表面的理由"找茬"，甚至会做出一些极端的决定，比如放弃这段感情。

阿比盖尔·布伦纳很好地解释了恋爱焦虑的深层次原因。我们要做的就是认识这些原因，然后尽快走出恋爱焦虑，以正常的心态去对待恋爱。

恐婚：一想到结婚，我就很害怕

"恐婚"是指社会中的一些人，尤其是一些适婚年龄的年轻人因为种种原因，排斥或逃避婚姻。

对婚姻的恐惧从古至今一直都存在。尤其是在高速发展的今天，"恐婚"更像流行病一样，"传染"给不少都市男女。

"恐婚"现象是如今未婚人群中普遍存在的一种心理现象，它多发生于

25~30 岁这个年龄段，而以 30 岁上下且收入较高、恋爱时间较长的白领尤为严重。

关于“恐婚”的理由，从大的方面来说，有一定的社会因素。当一个社会发展到欲望大肆“繁殖”的阶段，人们对于幸福的安全感也随之降低。当情感关系变得不那么稳定时，人们便会开始害怕“确立关系”。

从小的方面来说，每个人的经历、心理、性格、认知都不尽相同，所以“恐婚”的理由也各不相同，而且还男女有别。

一、女人“恐婚”的理由

女人“恐婚”，大多是因为理想主义，她们所期待的是一种完美的婚姻生活，然而现实却往往让她们很失望。对于婚姻，她们大多没有想过是怎么回事，对“嫁”这种仪式的向往远远超过对嫁的结果——婚姻的向往。也就是说，她们所谓的想结婚，只是想得到“嫁”这样一种仪式，而不是嫁过之后的婚姻生活。一旦提到婚姻生活，她们往往会呈现出一副恐慌的表情。她们对婚后生活有太多的担心，比如与公公、婆婆、小姑及其他家庭成员关系的处理和协调，不会做家务，别人对自己的挑剔，等等。

下面是一个女孩在谈到“恐婚”时的想法：

我害怕他在婚礼上信誓旦旦，但婚后却把离婚挂在嘴边。

我害怕现在我们每一次冲动的争吵会变成孩子的噩梦。

我害怕我没法和他的父母相处融洽，他要和我离婚。

我害怕婚后我们要养老人、养孩子、养车、养房……

我害怕他会出轨。

我害怕他厌倦婚姻和我，冷漠麻木地了结我的后半生。

我害怕他父母永远站在他的角度，把我当成一个外人。

我害怕吵架后他持续冷战，把两人的关系推入深渊。

……

或许这就是所谓的“恐婚”吧！

二、男人“恐婚”的理由

男人对婚姻的焦虑是对自己承担起家庭重担的能力持怀疑态度，主要考虑的是自己在家庭中的责任。因此，男人“恐婚”的“病源”主要是“放大”了生活的压力，在考虑过婚后的经济责任、家务负担、爱人的忠诚等之后，他们对婚姻显得诚惶诚恐。另外，有些男人喜欢自由自在、无拘无束，害怕婚姻会成为困住自己的笼子；有些男人以事业为重，担心结婚会给自己的事业或工作造成影响。于是，许多男人宁可采取其他方式和女朋友在一起，也不谈婚论嫁。

其实，我们需要明白，谨慎对待婚姻的想法是对的，但因为谨慎而放弃婚姻是不可取的。结婚并且能幸福生活一生的人有很多，如果你不去尝试，怎么能体会到婚姻带来的快乐呢？婚姻像一双鞋，合不合适只有穿了才知道。

三、克服“恐婚”的方法

1. 心理预期要合理

每个人都想要更美好的生活，但这个愿望要建立在现实的基础之上，不能脱离实际。有的女孩把有车有房当成结婚条件，这样男方必然会感受到巨大的心理压力。其实，我们的父辈结婚的时候，大多数是在一穷二白的基础上开始奋斗的，别说没有自己的住房，许多人连像样的家具都没有。所以，结婚的排场、条件要根据双方财力的承受范围来确定，不能好高骛远。

2. 多沟通交流

恋爱是两个人的事，结婚却是两家人的事。本来毫无交集的两个家庭，忽然要用亲密的方式相处，这当然会带来种种问题。地域、文化差异越大，矛盾可能就越多，这就要求两家人用最大的善意来对待对方，多沟通，多交流，把问题都摆在桌面上来。如果是个人有结婚的心理障碍，也要和信任的人多沟通或者求助专业人士，通过沟通疏解，来克服恐婚。

3. 能妥协让步

婚姻需要妥协，结婚则是妥协的开始。对于两个相爱的人来说，所有事情都应该开诚布公地来商量，谁有道理听谁的，如果是无所谓的事情，主动让步是最好的选择。其实，妥协让步并不代表胆怯，而是真正的大智慧。

猜疑焦虑：他（她）是不是出轨了

段毅和妻子是大学同学。毕业后段毅被安排在政府部门工作，而妻子则在一家大型国有企业做会计。婚后20年来，他们两人的感情一直不错。

直到四个月前，妻子想利用业余时间去学习交谊舞，妻子还劝他一起去学，但他没兴趣就拒绝了。让段毅没想到的是，妻子这一学就不可收拾了，他下班回家只能吃冷菜剩饭。因为儿子在学校寄宿，妻子经常外出跳舞，他只能一个人对着电视机发呆。一周下来，妻子脸上的红晕和笑容越来越多，而段毅的心情却一天比一天差，焦虑不已。

一天，妻子要好的同事来家里做客，告诉段毅说，他的妻子在舞蹈学校有一个固定的男伴，对方性格开朗，舞技也十分不错，两人很谈得来，要他对妻子的行踪多加注意。段毅也发现妻子出门的时间越来越长，甚至连周末也看不见她。一天晚上，段毅就直接对妻子说不要去跳舞了，可妻子却把他的话当成耳旁风。

此后，段毅每天都会询问妻子的行踪，还会经常翻看妻子的通话记录，将她联系过的人都仔细询问一遍，了解对方的情况，遇到可疑的对象，他还会去对方的单位进行调查，然后再找妻子核实对方的身份，看看她是否说谎。段毅的行为让妻子感到非常生气，两人还因此大吵了一架。

后来，为了缓和两人之间的关系，妻子也不去学跳舞了。但段毅还是不放心，总是偷偷地检查妻子的手机，这让妻子失望至极。于是，吵架成了他们的家常便饭。

猜疑是破坏婚姻的一颗不安分的种子，如果任由猜疑在婚姻中疯长，婚姻很容易就会遭到破坏。就像段毅，因为并不靠谱的猜疑而让家庭陷入无休止的吵架之中。

在婚姻中，有了猜疑，就会增加夫妻间的心理隔阂，使本来十分亲密的关系逐渐疏远，使夫妻感情出现裂痕，严重的还会导致离婚及其他不良后果。夫妻间感情建立的基础是相互信任、相互尊重、相互了解，而猜疑恰恰违背了这些原则，它是夫妻真挚情感的杀手。

婚姻是漫长的,这个过程中一定会有各种各样的状况出现。要应对这些状况，必须要学会信任。如果两个人之间连最基本的信任都没有，那样的感情随时都会爆发可怕的危机。

其实，猜疑的出现也说明夫妻在心理上出现了距离，需要及时调整双方的关系。

那么，如何消除猜疑，走出情感焦虑的泥潭呢？

一、自我暗示

当产生猜疑的想法时，我们可以给自己积极的自我暗示，告诉自己“我讨厌猜疑”“乱猜疑是不对的”等，从而清除猜疑的不良心理。

二、忘记不快

忘记过去的不愉快，随时修正自己的认知观念，不要让痛苦的过去牵制住我们的未来。因为不愉快的回忆往往会成为猜疑的养料。

三、转移注意力

当出现猜疑时，我们可以告诉自己，这种猜疑是没有根据的，然后转移注意力，去干一些与此猜疑无关的事情。

四、理性思考

当发现自己生疑时，我们不要朝着有利于猜疑的方向思考，而应该问自己：为什么我要这样想？理由何在？如果怀疑是错误的，还有哪几种可能发生的情况？在做出决定前，多问几个为什么，这样有利于我们冷静地思索。

五、加强交流

有些猜疑来源于相互的误解，如果是这种情况，我们就应该通过适当的方式，两人坐下来交流。通过谈心，可以了解彼此的想法，消除误会，避免因误解而产生冲突。

六、向心理医生求助

当经过上述调整，仍无法消除猜疑心时，可能会越来越坚信自己有猜疑的依据，并给自己与周围人都带来较大的困扰。这时，光靠自己已无能为力了，我们需要找心理医生咨询，找到解决的方法。

攀比焦虑：和别人的老公相比，我对他很失望

攀比是人的天性。每个人都会有攀比心理，只是强弱不同罢了。相对来说，女人的攀比心理更强一些。特别是在婚姻中，女人常常会进行各种各样的攀比。

“瞧 ×× 的老公多有出息，都当上处长了！”

“她的老公出手真大方，又给她买新首饰了。”

“她老公长得太帅了！”

互相攀比似乎成了女人间最热门的话题。大到人生归宿，比老公、比婆家，小到衣食住行，比房子、比车子。攀比衣服，看谁的更高档时尚；攀比孩子，瞧谁家的更伶俐聪明。

下面我们先来看一位先生因为妻子的攀比而痛苦焦虑的诉说：

我今年34岁，2012年底结婚的。老婆跟我同年，但我们的夫妻关系并不是很好。刚结婚那会儿，我们夫妻关系还很好，但随着时间的推移就变得越来越差。婚前她一直在郑州，是一家医院的护士，工作很稳定。我在一个县级市工作，结婚后基本是一周回家两天。我回家做各种家务，以弥补我对家庭的亏欠。

大概从半年前开始，她的脾气就变得越来越差，动不动就发火。她说我挣钱少，不干活儿，懒，还拿我跟他们医院的主任、医生比，说他们医院的医生、主任如何挣钱多，如何会做事，把我说得一无是处。我想自己确实没她挣得多，离家远为家付出的也少，所以任由她骂。

女儿出生后，她也开始上班了，自从她怀孕之后就没让我再碰过她，甚至连手都不让碰。吃饭的时候她更是嫌弃我舌头伸得长了，筷子夹菜口水流进碗里了，如果家里来客人太丢人了，他们医院的医生就不这样；还说我吃饭声音大，跟她出去丢她的人了。为了家庭和谐，我不想吵架，我知道如果开吵的话我们的关系更没办法维系了。

我母亲在家给我们看孩子，她居然当着我妈的面说："你儿子是我见过挣钱最少的男人，你儿子简直都不算是个男人。"她还说她们医院的医生能挣多少钱，买了多少套房子，买了几辆车。她说这些，是对我妈的羞辱，对我的羞辱，我真受不了，但我不敢吵。我虽然挣钱少，但我会把自己的全部工资上交给她，但就是不知道为什么还不行，她非要把夫妻关系搞得这么僵……

遇到这样一位爱攀比的妻子，相信任何一个男人都会受不了。这种攀比已经上升到对丈夫进行侮辱和践踏的地步了。

确实，每个人都会有一种攀比和对照的心理，尤其是当看到自己的状态和别人的状态相差较大的时候，这种心理就更明显了。但是，从心理健康的角度来说，这样盲目对照，只会降低幸福感。斯坦福大学心理学家亚历山大发现，大多数人都容易看不到别人的"不好"，因此，总觉得自己活得没别人好。

每个人都向往美好、追求尽善尽美，当然希望自己的孩子、老公（老婆）不比别人的差，所以有时难免会求全责备，希望督促身边的人向"完美"靠拢。人有七情六欲，偶尔眼红是正常的。倘若总是这样，久而久之，很容易走进误区，也就是心理学所说的“心理偏盲”现象。这时，就会像戴了有色眼镜一样，总是对身边的人和事选择性地记忆和评判。最后，变得爱攀比，喜欢较劲儿，凡事爱往坏处想；对身边人的优点视而不见，对生活中的收获熟视无睹，而只抓住其缺点进行大肆贬低。就像上面案例中的妻子，只看到了丈夫不好的方面，把这些和她的同事对比，而没有看到丈夫积极做家务、完全上交工资等好的方面。

其实，从深层的原因来说，爱攀比是一种自卑的表现。爱攀比的人与其说自尊心强，不如说他们的安全感不足或缺乏自信，尤其那些习惯把目标定得很高，但能力有限的人一旦无法实现目标时，更可能出现心理不平衡。在婚姻家庭中，人们容易把这种心理不平衡的坏情绪发泄到家庭成员身上。一位心理学家曾说：“喜欢攀比的人在自己一个人能力有限的情况下，往往会把期望寄托在周围最亲密的人身上，有的望夫富贵，有的望子成龙。”

“比”字两把刀，若将生活的快乐放在攀比上，无疑是将幸福建筑在刀口上，岂能长久？“比”的两把刀，一刀伤人，一刀伤己，比不来快乐，却能割掉自己的幸福，带来不必要的焦虑。

所以，我们应该更宽容大度一些，聪明一些，应该一手握刀，一手握爱。用刀割掉攀比心理，舍弃阻碍快乐的东西，用爱填充生活的每一个空隙。这样我们就能获得安宁和幸福，品尝到快乐和甜蜜。

冷暴力焦虑：夫妻冷战，让我很痛苦

马丽是一位职业女性，有一个10岁的女儿。从某一段时间开始，马丽受到了来自丈夫的冷淡对待，因为丈夫在外面有了外遇。马丽的精神上受到了很大的打击，但考虑到孩子，她并没有与丈夫离婚。

马丽和丈夫吵闹，但并未取得任何效果。“他每天几乎不说话，我有时想和他沟通一下，可他却是一副冷冰冰的样子。他出了轨，但这反倒像是我犯了错。如果再这样下去，我的精神真的要崩溃了。”马丽对丈夫的冷暴力充满了痛苦和焦虑。

家庭“冷暴力”的表现形式通常由于家庭的不同情况和家庭成员的个性特征而呈现出多样性。有的表现为冷嘲热讽，在语言上进行恶意攻击，故意贬低、刺伤对方的自尊心和自信心；有的表现为不管不顾、不理不睬，不再关心对方和家庭，不再承担家庭的责任、义务，有意避免夫妻之间的独处和接触。

中国法学会曾经就全国家庭暴力现状进行过一项社会调查，结果表明：在发生矛盾的家庭中，88% 的家庭会出现夫妻双方互不理睬的现象，30% 的家庭会出现负气、使劲关门、离家而去或摔东西的行为，48% 的家庭会出现互相辱骂的现象，还有 20% 的家庭会出现丈夫威胁并殴打妻子。由此可见，家庭冷暴力中“不沟通”和“辱骂”是最主要的两种形式。

冷暴力的危害很大。虽然冷漠、拒绝沟通不像身体暴力那样会带来明显的伤害，却隐含了很强的攻击性，这样冷淡、轻视、放任、疏远和漠不关心的态度，会让对方感受到精神和心理上的侵犯和伤害，会对人造成精神虐待。

许多男性不喜欢表达自己的情感，在遇到矛盾冲突时也不愿意去讨论、解决，而是喜欢独自沉默、思考，而女性则更愿意找人倾诉，通过争吵、哭闹的方式来解决矛盾。所以，通常女性会成为冷暴力的受虐者，而男性则多为施虐者。

家庭冷暴力的心理原因和动机通常是推卸责任或者逼迫对方就范。

冷暴力掩藏在其背后的含义是“都是你的错，才造成了今天的状况，你要负责，我没错”或者“我是不会妥协的，责任不在我”。不愿直面问题和责任，是冷暴力背后的深层动因。冷暴力的另一个动因是逼迫对方就范。比如，夫妻有一方想离婚，而另一方坚决不离。想离婚的一方如果没有其他更好的办法，往往会采用冷暴力的手段，让对方承受精神方面的巨大折磨，从而达到自己的目的。

一个人如果长期处在家庭冷暴力的氛围中，就很容易出现感情脆弱、自卑、多疑以及感到孤独的状况，更重要的是会对孩子造成伤害，容易使孩子养成孤僻的性格，大大影响其日后的人际关系。

我们来看一下下面的这个案例：

结婚时两人其实挺相爱的，所有人都认为他们很相配。然而，在生下孩子一两年后，丈夫对她的感觉就有了 180 度的大转弯：下班后总是流连在办公室，很少回家吃晚饭，就算回到家，也总是冷着一张脸，面无表情，不言不语。

她试着跟他沟通，可他最多说个“好”或“不好”；她追问他为什么不理不睬，他的反应是“有什么好说的”。

这样冷冰冰的日子过了好些年。唯一能让他们多说一些的话题，是和小孩有关的生活安排。

“我好像坐在一座冰牢里，”她说，“为了孩子，我只好继续忍受。”

随着时间的流逝，她的痛苦和焦虑更大了，因为她发现孩子的性格变得越来越孤僻。孩子在学校几乎没有朋友，放学回家也不愿意多说话，而是躲在自己的房间里不出来，学习成绩也很差。她和丈夫都曾尝试着与孩子沟通，可孩子总是沉默不语，被问急了就哭了。

这个女人因为冷暴力而承受痛苦，更让孩子受到了巨大的伤害。

曾有心理学家对家庭冷暴力进行过细致的研究，从而总结出一个普遍的规律。

一、家庭冷暴力通常会有的 8 个发展阶段

1. 他突然很忙

任何事情的发生都会有一些异样，冷暴力也一样。“他突然变得很忙”就是典型的异样之一。当然，他偶尔也会给你发发短信，打打电话，但频率已大幅减少了。

2. 你开始质问

当第一阶段持续一段时间后，你终于忍不住开始质问他：“为什么最近都这样？”这时，对方通常会说“没有啊，最近比较累”或者“压力很大”，然后还叮嘱你“不要乱想”。之后有一段时间，你们的关系会有所缓和。

3. 你不主动联系，他不联系

虽然你们之间的关系出现了改良的迹象，但是绝对不可能恢复到以前那种状态，而且他突然不主动联系你了。这就是所谓的第三阶段出现的征兆。这时，你发过去的短信，他也回，你打过去的电话，他也接。但是若非必要，他不会主动联系你了。你很焦虑，但又不愿意和他分开。

4. 你开始提出分开

当第三阶段持续了一段时间以后，你会做出反击："我受不了了，我们分手吧。"其实，这时你是想挽回的。通常，对方会挽留你，不让你离开。可能你的心情会稍微好点了，觉得对方还是在乎你的。但是，这种好心情还掺杂了很多的不安。

5. 缓和

因为有了前面的第四阶段，对方会对你稍微好一点。你们的关系也会有所缓和。但是，这种带着太多歉意的感情不会持续很久。

6. 加剧

当你开始相信爱情失而复得的时候，情况开始糟糕起来，又恢复到了第三阶段，而且变本加厉。比如，你发过去的短信可能石沉大海，你打过去的电话可能没被接听。

7. 你已经疯掉了，完全失去自我

当经历了前面六个阶段的时候，基本上你的心态已经很差了。吵闹、哭泣时常发生，但无济于事。你开始真正纠结是否分开，睡不着，吃不下，焦虑不堪。

8. 你提出分开，他沉默以对

要经历很长时间的第七阶段，你才会进入哀莫大于心死的第八阶段。当你严肃地提出分开时，对方只是沉默、不予搭理或回应。你陷入了真正的冷暴力深渊。

没有人愿意去面对家庭冷暴力，但是如果不幸遇上了，就要想办法去缓解或者解决。

二、解决家庭冷暴力的方法

1. 不要采取破坏性的行为，防止加重冷暴力

既然家庭冷暴力已经出现，就要想办法化解，而不要抱着对抗的心理采取一些破坏性的行为。比如，明知道对方不喜欢某种语言或者行为，却偏偏去碰触这些，伤害对方的感情。这样做对解决问题没有任何帮助，只会让自己得到暂时的没有意义的发泄。

2. 要能准确地表达自己

情侣之间的关系，要坦诚相待，不能隐藏自己。如果能真诚地表达自己的需求、感受，无评判、无强加，这样对方会觉得安全，自然愿意靠近你，冷暴力自然会慢慢化解。

3. 向外部求助

如果有必要，可以向亲友或专业人士求助，一起去分析和探索冷暴力背后的真正原因，以获得更多的选择。

4. 该放弃时要放弃

如果经过不懈努力，还是无法化解家庭冷暴力，就要考虑是否该放弃了。很多女人会因为多年的情感投入而一再地努力挽回，一再地委曲求全。这样做没有错，但也要有一个度，不能毫无底线和原则。

生育焦虑：二胎到底生还是不生

随着二胎政策的放开，“生，还是不生”成了许多中年夫妇的艰难选择，并由此产生生育焦虑。

“工作刚有点起色，如果再生二胎，肯定顾不上。”39 岁的张颖在朋友圈诉苦。这一年遭受了公婆、丈夫的各种“威逼利诱”的她几乎要崩溃了。

张颖和丈夫已经有一个 6 岁的儿子了。此时，丈夫希望能再有一个女儿。张颖一听果断拒绝。她表示，虽然自己也想有个女儿，但怀孕的过程太难熬，加上产后没日没夜守着喂奶、换尿布，自己实在没有这个精力。

更让她纠结的是经济压力。“养好一个都很吃力，再来一个，家里还有 4 个老人，开销太大。”张颖说，现在正在升职加薪的节骨眼儿上，孩子一生，又要耽误几年，生完再回来肯定就没戏了。

她和丈夫商量，但丈夫态度坚决。为了这件事一家人总是在争吵，张颖感到非常疲惫、焦虑。

对于广大的“70 后”夫妇而言，“放开二胎”带来的反应并非“喜大普奔”，而是更加纠结。就像上面案例中的张颖，自己不想生，而丈夫和公婆却非常想生，并由此引起了巨大的家庭矛盾，让当事人焦虑不堪。在以前，主要问题是“能不能生”“让不让生”，现在则变成了“想不想生”和“敢不敢生”。作为受计划生育政策影响最大的一个群体，“70 后”已经错过了生育第二个孩子的最佳生育年龄，也错过了让两个孩子可以结伴成长的最佳时期，摆在他们面前的是一系列的现实的问题：父母年迈、工作压力、经济压力、孩子的学业压力……

确实，这些中年夫妇想要再生孩子，需要面对的问题太多了。

一、年龄和身体

现在准备生二胎的妇女年龄大都在35至40岁，这已经过了最佳生育年龄。要知道，高龄产妇生产的风险系数比较高。另外，在生完头胎之后，许多人也不打算再生了，所以都不太注意生活饮食规律，有部分男女已经不适宜再生育了。

二、经济压力

现在养育孩子的费用非常高，再要一个孩子，费用翻倍，许多家庭承受不起。

三、工作事业问题

这个年龄段的女性往往正值事业高峰期，生育对于事业的发展有一定的影响。生第二胎，很有可能会导致自己的事业中止或中断一段时间。如果打算为孩子回家做全职太太，那么她必然要放弃一部分生活和社交圈子，这就要面临一个角色转换的问题。

四、心理压力

“除了要在孕前和孕期经常来医院检查外，经产妇的心理状况也是一个不容忽视的问题。我们发现，经产妇比初产妇更容易产生焦虑、恐惧、紧张的心理。”心理专家表示，经产妇的年龄普遍要比初产妇大，所承担的事业、家庭的责任也要大。在怀孕期间，除了养身子外，还要照顾第一个孩子，因此经产妇的情绪和心态很容易受到外界的影响。

五、家人的压力

大部分家庭的老人是支持要二胎的，甚至为此向儿媳妇和儿子施压。但也有一部分老人不希望再带孩子，毕竟年龄大了，经受不起太大的劳累。“亲子妒忌问题”也需要注意。打算生二胎的夫妻，需要为“老大”的心理健康做好准备，否则很容易让“老大”有失落感。

总之，想要缓解生育焦虑，顺利地生产二胎，就要做好各种准备，解决好上述这些问题。

产后焦虑：忍不住，就想发脾气

人的情绪和心理有的时候非常奇妙，本来在生了宝宝之后，第一次做妈妈应该感到很高兴的，但并不是所有的人都能感受到这份甜蜜和幸福，有的新妈妈出现了产后焦虑，这无疑是很痛苦的。无论是对新妈妈还是宝宝，都会带来严重的影响。

晓华是一个3个月大的宝宝的妈妈。自从生完孩子，她的脾气就一直很暴躁，而且她想事情比较极端，且经常心情低落。

特别是老公把孩子像个宝一样捧在手中而对她视而不见的时候，晓华就会莫名地焦躁易怒。有时，晓华还会对孩子发脾气，老公因此很生气，便跟她吵了起来。晓华与老公吵完后也觉得自己做得不对，但是她总觉得控制不住自己。

生孩子之前晓华充满了期待和欣喜，老公对她百依百顺，她觉得自己就是女王。然而，孩子出生以后，老公眼里只剩下孩子了，只有在孩子饿的时候，他才会看看她。晓华觉得自己现在就像一头奶牛。

产后焦虑症通常在产后4周内出现症状，主要表现为与家人关系紧张，对周围事情缺乏兴趣，出现自暴自弃、暴躁、焦虑、沮丧和对自身及婴儿健康过度担忧，常失去生活自理能力及照料婴儿的能力，对人充满敌意，呼吸心跳加快，泌乳减少，厌食，失眠，消瘦，甚至出现自杀和杀婴的念头。晓华暴躁易怒，还对这么小的孩子发脾气，无法控制自己，这已经是比较严重的产后焦虑了。

产后焦虑产生的原因比较多，比如担心自己和孩子的身体健康状况；大家庭中对新生儿性别的过分期盼（重男轻女思想的影响）；担心孩子出生后，自己的职业受到影响或家庭经济压力加大；或者在孕期或分娩期恰好遭遇工作或生活的打击，还有缺乏家庭、社会，尤其是丈夫的关心和帮助，都是引发产后焦虑的诱因。另外，生完孩子后的激素水平的变化也会对人的情绪产生一定的影响。上面的案例中，晓华的焦虑主要来自丈夫对自己关注减少而产生的心理失落和失衡。

孕育生命的过程是世界上最神奇的过程，通过怀孕生产，一个新生命来到这个世界。面对新的生命，作为母亲应该是最为欣慰的一个。然而，产后焦虑却给母亲们带来了巨大的困惑和痛苦。为了孩子和家庭，我们一定要想办法尽快走出这种焦虑。

通常而言，缓解产后焦虑的方法有以下 5 种。

一、正确认知

既要明白作为母亲有不可推卸的责任和义务，也应深刻体会自己付出母爱的社会价值和人生价值，保持心理平衡。

二、学会放松

学会在宝宝睡觉的时候让自己放松，读书、洗澡、适当锻炼、看影片或找点其他你感兴趣的事情做。

三、经验交流

多与其他新妈妈交流养育孩子的经验，谈谈各自的感受也是一种不错的自我调节措施。

四、寻找帮手

坐月子确实有一定的道理，能让产妇身心都得到足够的放松。但相对过去的大家庭来说，如今的妈妈要辛苦得多，因为她们要承担起照顾宝宝的大部分任务。如果能够找到一个好的帮手，产妇就能有一个喘息的空间和机会，焦虑自然就会减轻了。

五、找人聊天

可以把自己的感受向丈夫、家人以及朋友倾诉。无论什么时候，只要觉得烦闷，找人聊天，叙说心中的烦闷，都是一个解决问题的好方法。

如果采取了好多办法，还不能有效地缓解产后焦虑，就要尽快去专业的医疗机构寻求专业人士的帮助。

第七章

社交焦虑：
有一种快乐，叫作沟通与交流

社交焦虑是一种与人交往时，觉得不舒服、不自然，紧张甚至恐惧的情绪体验。然而，人是群居动物，相互交往是一种本能的需要，若产生社交障碍就会对一个人的生活和身心造成巨大的影响。所以，我们必须要想办法走出社交焦虑，恢复正常的沟通和交流。

电话焦虑症：接打电话让我很害怕

在生活中，人会因很多东西而感到恐惧或焦虑，比如蛇、老鼠、黑暗、孤独等，而电话这种在现代社会中几乎是不可缺少的联络工具，也成了一些人的恐惧对象。他们一打电话就会紧张焦虑，说不出话，害怕接电话打电话。人们把这种情况称为“电话焦虑症”。

刚大学毕业的吴晓敏来到一家建材公司做销售员。但她十分苦恼，因为她每次接听或拨打重要电话时都会感到非常紧张，坐立不安，甚至会手心出汗。但在平时与客户沟通交流的时候，她就不存在这些问题。

人在情况明朗的社交环境中，最容易做出正确的决定，而如果情况不明，可控制因素很少，人往往会采取保守的态度。而打电话时，对方就是一个情况不明的“未知”。因此，作为主动用电话联系的一方，就会对未知的人际环境产生顾虑和猜测，尤其当电话是打给重要客户或上司时，这种潜在的忧虑会更让人犹豫不决，生怕时机不对撞在枪口上。吴晓敏就属于这种情况，所以她在平时沟通时没有问题，而在拨打重要电话时就害怕了，焦虑了。

其实，对于电话的恐惧和焦虑还有非常严重的情况，比如下面这个案例中的付涛：

付涛非常害怕接打电话。每次打电话前他都会挣扎很长一段时间，包括给自己的父母打电话。即使他终于肯打电话了，拿起电话时也不想按键；按了键以后，也希望没有人接听；电话接通后，就会心跳加速、口齿不清、冒冷汗；打完了，放下电话，就会有一种虚脱的感觉。可以说，电话就是付涛的噩梦。只要电话铃声一响，似乎每一下都在重重地敲击着他的心脏，沉重的压迫感和莫名的焦虑感让他感到窒息。

付涛的电话焦虑症已经非常严重了。打一个普通的电话，不会出现什么严重的后果，为什么会出现这种害怕的心理呢？

一、产生电话焦虑症的原因

1．不愉快的电话沟通经历

很多人恐惧打电话之前，肯定有过被拒绝、被批评等不愉快的经历，特别是对方为相对重要的社交对象，如客户、领导等。在电话接通时，对方的状态我们是很难感知的，如果对方正在生气、不方便通话、存在误会等，都会加剧我们对打电话的恐惧。

2．性格有缺陷

有些人自卑、胆小、不自信、容易害羞、依赖感较强。他们打电话时，总是害怕影响了对方或者让对方感到不高兴，从而让对方对自己产生不好的想法或看法。

3．社交恐惧向电话情境的延伸

有些人平时不善于人际交往，与人讲话时出现口吃、脸红、心慌的表现，电话交流虽然看不到对方，但社交恐惧仍然存在，渐渐地就会对接打电话产生恐惧。

二、电话焦虑症的应对和解决方法

1．我们要从心理方面进行调节

害怕电话当然不是害怕电话本身，而是有其内在的原因。因此，我们应该调整好我们的心态，查明自己对电话恐惧的真正原因，然后从原因入手，给自己信心，努力克服自己恐惧和焦虑的情绪。

同时，我们可以用心理暗示，比如微笑。打电话时微笑会给自己传递一个信息：我很愉快，我很轻松。如此一来，必然会减轻我们的焦虑情绪。

2. 使用脱敏疗法

脱敏疗法，说得通俗一点就是“以毒攻毒”。如果我们逐渐让自己接触害怕的东西，学习面对它们，我们将发现自己所害怕的危险并未真正发生，从而渐渐地消弭对它们的恐惧。例如我们害怕蜘蛛，可以在有人陪伴的情况下，先学习接受照片上的蜘蛛。当我们适应了之后，可以试着目睹死蜘蛛，接着是活蜘蛛，最后可以学着用手捉蜘蛛。每一次我们可能仍会感到恐惧，但当我们知道所担心的事并未发生时，我们就会逐渐习惯它。同样的道理，对于电话的恐惧也可以如此克服。

3. 多做运动

当恐惧感袭来时，身体会分泌过盛的肾上腺素，而当我们运动时，就会消耗肾上腺素。因此，当我们感到打电话会产生恐惧和焦虑时，就可以适当地做一些运动。

如果我们无法走动，不妨试着收缩及放松各部位的肌肉。收缩大腿肌肉，然后迅速放松。这种一紧一松的肌肉运动也能消耗肾上腺素。

取悦症：不懂拒绝的老好人

为了赶一个项目，你已经连续加了一周的班，累得想倒头就睡。这时有朋友打电话约你晚上聚餐玩乐，为了不让朋友失望，你便答应了。

觉得浪费时间，没有多少意义，所以你一直讨厌无聊的应酬。但你的男朋友却喜欢交际，常常希望你能陪着他一起出席。你怕他不高兴，于是经常违心地去陪他。

一个朋友已经向你借过一次钱了，并没有按期归还，但他这次又要向你借钱。虽然你很不愿意，但最终还是借给他了。

上面这些情景在有些人身上会反复出现。对于他们来说，拒绝别人是一件非常困难的事情。虽然自己心里很不情愿，却因为不想让别人失望，不想被别人说成“坏人”，总是开不了口说“不”。

这些人之中有很多“取悦症”患者，他们总是希望让别人过得开心，一味地取悦、迁就，实质上是为了避免人际冲突，不惜牺牲自己的快乐甚至健康。

珍妮是一家公司的实习生，她初来乍到，觉得应该主动承担一些工作，才能获得他人的好感，从而得到更快地成长，因此别人给她安排的事情她都照做不误，比如打印、跑腿、买咖啡等。久而久之，别人对她使唤惯了，也认为她不会拒绝，什么事情都交给她。对于那些同事来说，珍妮就是一个非常好用的“便利贴”。

这样的日子持续了一段时间后，珍妮感到特别累。她每天上班的大部分时间都用在处理其他同事的杂事上。她必须一条条列下来，如果稍有做错或延迟，就有人抱怨或者认为她自私。这导致珍妮处理自己工作的时间大幅减少，常常需要加班到深夜。

像珍妮这样不敢拒绝，无原则地迁就同事，真的能换来同事的好感吗？其实并没有。

美国临床心理学家、《不懂拒绝的老好人》一书的作者哈丽特·B. 布瑞克（Harriet B.Braiker）指出，那些没有办法对别人说不的人，就是“取悦者”，他们患上了“取悦症”。习惯性地取悦别人，是一种强迫行为，这种取悦倾向常常会给自己带来莫大的压力，如果情况严重甚至会造成情绪失控、身心失调。他们对别人的要求明明想说“不”，却说不出口，结果全都答应下来，就像上瘾一样，无法控制自己。这是因为他们害怕别人生气，彼此发生冲突，就迫使自己表现出友好的样子，从而取悦别人。这些“取悦者”的笑脸背后，往往隐藏着愤恨和焦虑。

“取悦症”形成的深层原因比较复杂，主要有两个方面。

一、对赢得赞美和肯定的渴望

我们生理上的基因的编排和社交模式最深层的指令，都催促我们要积极地寻求他人的赞美和肯定，尤其是对奖励（例如关爱、社会地位、学校成绩、薪水等）有控制力的重要人物，他们的赞美肯定更加重要。

取悦者会沉迷，是因为取悦行为让他们赢得所渴望的肯定。如果某件事让我们感觉很好，那我们就可能会持续去做这件事，以便继续维持这种美好的感觉。

二、对人际关系错误的假设

取悦者对于人际关系的假设往往是错误的。比如，别人的需求和期望比我自己的需求重要，无论如何，我都不应该让别人感到失望或受挫；我应该永远保持和善，不去伤害别人的感觉；我应该永远快乐欢愉，绝不向他人表现出负面的情绪；我绝不将自身的问题或需要加诸在别人身上；别人应该永远喜欢我、肯定我，因为我替他们做了许多事情。

大部分的取悦者相信，如果没有把别人视为优先，自己就会被人认为是个很自私的人，而自私的人将不值得被别人关爱，最后会被遗弃，有着悲惨的命运。取悦者认为，必须要不断付出，做很多事来取悦别人，这样才能赢得关怀和爱。

取悦者在人际关系中，总是将别人的需求和自己的需要放在不对等的位置上，使得自己的生活常常因为必须配合别人而失调。事实上，行事以自我为本位，与所谓的自私是完全不同的。

我们应该清楚，我们完全没有必要取悦别人，维护良好的人际关系也不是靠取悦就能成功的。我们应该学会照顾自己，学会正当的拒绝。如果能做到这些，我们就能显著地提升自己的生活质量，还能改善自己的人际关系。有时，我们可以对别人不友好！

我们要意识到当自己不想做某些事情时可以坚决地说“不”，这不需要任何解释。对于有些人来说，说“不”很难，可能会感到内疚，其实这是不必要的。也许说“不”之后的结果并没有我们想象得那么糟糕，甚至可能什么事也不会发生。

曾有一个同事热情地邀请杰克去参加她的生日派对，因为杰克那天想参加一场读书沙龙，他一直在纠结：这样的沙龙机会很少，但不去参加同事的派对又担心会影响他们的关系。杰克犹豫了很久，终于很忐忑地对同事说了自己不能去的原因。

说出口以后，杰克便后悔了，开始想她会不会失望、派对上大家会不会都在讨论自己不来的原因、会不会大家以后见面都会不好意思……

事实证明，杰克想多了。同事只是说了句“好吧”，然后依然开心地与大家交谈，全程都没再提及此事。杰克终于长长地舒了一口气。

由此可见，拒绝并不可怕，取悦没有必要。重要的是要做真正的自己！

异性交往焦虑：在异性面前手足无措

涛子已经25岁了，是家里的独生子，最近因为被老妈催着找个女朋友结婚而感到苦恼焦虑。其实涛子也想早点结婚，但他在交际方面有些难言之隐，一直也没交成女朋友……他发现自己在女生面前很紧张，时常沉默寡言，以前即便有机会能和女生相处，也是想办法回避或者躲开，甚至在路上偶遇相识的女同学也要绕着走。现在，随着年龄的增长，他害怕和女生相处的心理也在增长。只要和女生在一起，他就会显得很拘束，找不到话说，特别是在和一些条件比较出众，比较引人注意的女生独处的时候，更是觉得尴尬，说不了两句话就不知道该说什么。

涛子的这种情况属于异性交往焦虑症，是社交焦虑症的一种。这只针对与异性的交往，既渴望能够接近异性，又在与异性的交流接触中感到局促、紧张、焦虑，并且面红耳赤、目光游移、说话吞吞吐吐等，从而无法进行正常的交往。长此以往，就会形成对异性交流的回避、排斥等行为。

一、常见的异性交往焦虑的表现

1. 为了避免自己紧张或者掩饰自己的恐惧，会主动避开需要与异性交往的场合或者拒绝与异性主动交往。

2. 与异性交谈时，会显得很不自在，不敢直视，手也不知道该放在哪里，越是注意自己的形象和表现就越慌乱。

3. 每当与异性单独相处和交流时，大脑就会强迫性地产生很多想法，这些想法会让自己感觉很尴尬，如对方很喜欢自己、对方对自己有企图或者对方非常看不惯自己等。

4. 对异性的注视异常敏感，一旦有一个异性长久地注视自己，就会感到局促不安，浑身不自在，很想躲开。

5. 经常恐惧于异性会对自己有不良企图，面对异性总是缺乏安全感。

6. 有时即使只是有一个异性站在自己的身边，也会因此无法集中注意力去做事。

7. 曾被异性朋友或者恋爱对象、婚姻对象伤害过，导致自己对异性难以信任，从潜意识里就很排斥他们。

在上述的这些表现中，如果符合两条以上，那么就可能有异性交往焦虑症。案例中的涛子至少符合第 1、2、6 条。

二、出现异性交往焦虑的原因

1. 自我强迫

一般来说，异性交往焦虑症大多来自于自我强迫症，当患者看到异性之后就会强迫自己不去看对方而引起心理的斗争，或者强迫自己产生一些古怪的想法，之后会拼命想要控制，但却更难控制住。其次，异性交往焦虑症是一种心理倒错，患者焦虑的并不是外在的性对象，而是心理的性妄想。所以，患者在看见异性时就会从视线里表露出来。

2. 受过伤害

这是一种“一朝被蛇咬，十年怕井绳”的心理状态。患者以前可能受到过异性的伤害，或者因为异性而遭遇某种挫折，留下了心理阴影。为了避免再受伤害，于是选择回避和排斥与异性交往。

3. 过于害羞

还有一些异性交往焦虑症的患者是因为在童年时期被他人当作是害羞或老实的孩子，不过有的孩子会随着自己的社会经历和思维方式的变化来摆脱掉害羞的性格，所以这些孩子并不会出现焦虑的情况。但是还有一些孩子会因为他人的看法而变得越来越自卑和敏感，经过长年累月的发展，引起异性交往焦虑的病症。

三、克服异性交往焦虑症的原因

1. 从心理上做好准备

与异性交往不会产生自己无法承受的严重后果，不会让自己损失什么，只是一次正常的聊天相处，所以没有必要畏惧害怕。

2. 从语言上做好准备

长期缺乏与异性交往经验的人往往会有一点语言上的障碍，或者是平时与人交谈很正常，但一面对异性便支支吾吾、语无伦次。如果能经常性地加强语言方面的练习，比如朗诵、阅读散文等，就能提升自己语言表达的通畅度、清晰度、情感感受度，增强自己在异性面前说话的自信和能力。

3. 进行心理暗示

一般情况下，面对异性，我们给自己的心理暗示是“不要紧张，要冷静下来”。

其实，这种方式是不正确的，反而会适得其反，让自己更紧张。因为紧张情绪是一种正常的情绪，当人类接受一件新的、有挑战性的事情时，产生紧张感、压力感是正常现象。我们的心理暗示应该与自身的情绪一致，不应该是相逆或者是压抑的暗示。只有正确认识了紧张情绪并接纳它，才是最佳的调整法。

所以，正确的心理暗示应该是告诉自己：我现在正在做一件对我来说不是很容易的事情，紧张是很正常的。接纳此时此刻的情绪，然后渐渐放松自己。

4. 大胆行动，迈出第一步

与异性交往中，如果我们仅停留在想象阶段，甚至经常想象着失败的体验，只会让自己更加缺乏自信，总认为自己不行，缺乏交往的勇气和信心。如果我们能勇敢地迈出第一步，尝试开口和异性说话，哪怕只是一句简单的问候，都是向成功迈进了一大步。与异性交流其实也是一件非常快乐的事情，这种愉快的交往体验也会促进我们与异性交流。

说话焦虑：总找不到交谈的话题，很尴尬

看到别人侃侃而谈，聊得火热时，吴一峰就会产生一种嫉妒心理。因为“说话”是他永远的痛。他性格内向，与人交流时不知道说什么，总是觉得很尴尬。在与人说话的过程中，如果出现冷场，他就会浑身不自在，直冒冷汗。

吴一峰尝试着去改变，但结果反而越来越糟。他非常焦虑，不知道该怎么办。看着那些有很多朋友的人他很羡慕，也很想要那样的生活，可“说话”这道坎阻碍了他。

说话是一个人最基本的技能之一，只要不是哑巴，都会说话。生活中往往有一些能说会道的人，滔滔不绝，妙语不断，惹得大家哈哈大笑。而有些人，就像吴一峰则不会说话，交流时让人感到不舒服，很尴尬，他自己也非常紧张难受。为什么会出现这种状况呢?

从心理学的角度来说，说话焦虑的主要原因是自卑，自我评价太低。他们缺乏自信，总是很在乎别人的看法和评价。当接触交谈的情境时，他们总是害怕说错话，自己会被给予负面评价，也害怕自己会表现出脸红、发抖、流汗、结巴而被他人笑话。结果这种害怕又加重了说话的障碍，从而形成了一种恶性循环。

那些会说话总是能侃侃而谈的人都是很有自信的人。他们不太会在意别人的看法，相信自己说的是对的，坚定地表达着自己的想法。“走自己的路，让别人去说吧”是他们的座右铭。如何准确地说出自己的意思才是他们关注的重点，而非别人会如何评价。

说话焦虑给人际交往、日常生活和工作造成了巨大的障碍。所以，我们要想方设法克服这种焦虑，使自己回到正常的交流沟通中来。

一、将注意力放在交谈的人或交谈的事上

在与人交谈的过程中，我们要将注意力更多地放在他人身上，而非自己身上。如果我们不再总想着“我说的话不会引起他的反感吧”“我看起来紧张吗”，我们自然就会停止担心自己该如何在谈话中做到完美。其实，没有人在与人交谈的过程中是“完美”的，也没有一个这样的完美标准，所以我们没有必要太关注自己说话时的情绪表现，将注意力放在交谈本身才是重点。

二、寻找在说话时的“焦虑触发点”

也就是说，要找到我们在哪些场景下说话会更容易感到焦虑，焦虑时我们到底在想些什么，然后针对这些触发点进行分析，总结出一些积极的经验。当下一次出现说话焦虑的情况时，我们就可以回忆这些积极的经验，以达到逐渐弱化焦虑的目的。

三、提前为说话做好充分准备

人往往在胸有成竹的情况下会很镇定，不会紧张。其实，说话也是一样的。如果我们为说话做好了充分的准备，知道怎么说，说什么，那一定不会感到紧张和焦虑。

比如在参加一个说话的场合之前，我们应该提前了解场合的主题或是参与人员的组成情况。我们可以根据主题或者参与者的背景，提前准备一些能够聊的话题，例如相关领域的趣闻、近日的热点、相关人员的情况等。如此一来，我们的说话焦虑自然能消除。

我们还可以通过扩充说话内容的方式来避免冷场。比如当被问到“你住在哪里”时，不要只是回答“我住在 × 小区”，而是要扩充细节，像是“我住在 × 小区，附近有个很大的商场，最近因为 × × 事件在做宣传”，或者说一些小区发生的趣事等。他人可能会从这些细节中发现能够继续聊下去的话题，也更容易对我们说的话感兴趣。

不敢直视：与人交谈总躲避对方的眼睛

眼睛是心灵的窗户。所以在社交沟通的过程中，人们会通过眼睛来传递自己的情感，并通过观察对方的眼睛来判断其心理状况。而且，从礼仪的角度来说，如果在交谈的过程中，你的眼睛看着其他地方是一种非常不礼貌的行为，会给对方一种不尊重的感觉。然而，有一些人却为此焦虑不已，因为他在与人交谈的时候总是在躲避对方的眼睛。因为如果看着对方的眼睛说话的话，他会感到非常紧张和尴尬，甚至会忘记自己该说些什么。

不知道什么原因，我现在不敢看别人的眼睛，哪怕是以前关系很好的朋友也不行。其实我倒不是害怕和别人交往，我和别人说话其实也挺投机的，可我就是不敢看对方的眼睛。我觉得是自己的自卑心在作祟。

我很想改变，但我不知道该如何做起。我很恼火，非常焦虑，我不知道该怎么办。

这是一位朋友的倾诉，由于在说话时“不敢看别人的眼睛”，给自己造成了巨大的困扰。这虽不是什么要命的事情，但对他的生活和工作影响巨大。一谈话就让别人和自己都尴尬，不舒服，谁还愿意与我们说话？而且，长期如此会对人的心理和性格造成很大的影响，产生自卑、胆怯、自贬、不愿与人交往等非常不好的状况。

其实，任何人直视别人的眼睛都会有些害怕。比如我们在与异性特别是自己心仪的异性或陌生人交往的时候，总会感到紧张，不像和熟人说话那么舒服，这是很自然的事。所以我们要以平常心来对待，不要把它看作是什么大不了的事情，就像对待天气的变化一样——顺其自然，该聊天就聊天，该交流探讨就交流探讨，坚持把自己该做的事和能做的事做好就可以了。

每次谈话的时候不要总想着自己害怕看对方的眼睛，不要过多地考虑谈话过程中自己的表现，只要去想和对方说的事即可。总之，顺其自然，不要刻意地要求自己就可以了。

我们可以采用下面这几个具体的方法来解决不敢直视对方眼睛的问题。

一、看对方的鼻子或脸颊

在交谈的过程中，我们不看对方的眼睛，而是看对方的鼻子或者脸颊，这样既可以让别人觉得我们是在看他的眼睛，又不会有不舒服的感觉。

二、学会欣赏自己，而不是自责

每天起床时，我们可以先看看镜子里的自己，看着镜里面的那双眼睛，给予自己鼓励，在心里面默念：“我心里坦坦荡荡，我没有什么可耻的地方，我不怕别人看。”

三、学会真诚的微笑

我们都知道笑能给人自信，它是医治信心不足的良药。真正的笑不但能治愈自己的不良情绪，还能马上化解别人的敌对情绪。如果我们真诚地向一个人展颜微笑，他就会对我们产生好感，这种好感足以使我们充满自信。

四、采用系统脱敏疗法

我们先坐在一个舒服的座位上，有规律地做深呼吸，让全身放松。当身体进入完全松弛的状态后，想象着自己与父母、兄弟、姊妹等非常亲近的人沟通交流时注视着他们的面部。如果在想象交谈的过程中感到紧张焦虑，我们可以先停下来深吸气，放松自己，然后再进行。如此反复，效果会越来越好。

五、锻炼注意力的集中和达到内心的平静

调节呼吸能影响身体的各个系统，包括神经系统的活动。我们可以用深呼吸来克服心理上的紧张焦虑，借以克服自己的胡思乱想。

聚会焦虑：聚会对我来说是一种折磨

聚会是社交过程中促进感情的一种重要方式，比如同学聚会、公司聚会、生日聚会、朋友聚会、家庭聚会等。但是有些人却害怕聚会，如果被别人邀请参加聚会就感到焦虑紧张。即使参加聚会，也会显得不合群，让人感到不舒服。有些严重的聚会焦虑者会出现头晕、恶心，甚至不能自控的状况。

晓珊 27 岁，现在在一家互联网公司上班。她性格内向，从小就不爱讲话。

她的父母忙于做生意，和她的沟通交流比较少。她大部分时间是和爷爷奶奶生活在一起，和自己父母的关系并不是很亲密。

晓珊上小学和初中期间学习成绩很好，但朋友很少，只是和个别学习成绩好的女同学一起玩。

上了高中以后，晓珊的交际圈更窄了，只和宿舍里的两个同学一起玩，和其他同学都不熟，更别说亲密地交流了。由于父母的期望比较高，她感觉到了巨大的压力，就把大部分时间都用在了学习上。

晓珊的大学生活比较平淡，不过她的性格开朗了一点儿，和宿舍同学的关系也都挺好，但在不熟悉的同学面前还是放不开，很少和异性交往。

参加工作以后，晓珊总是害怕开会和聚会的场合。公司开会时她总是很紧张、很焦虑，害怕领导让自己发言，害怕自己说得不好。对于同事或朋友的聚会，晓珊也不愿意参加，因为她害怕和不熟的人聊天，非常在意别人的看法，对于别人对自己的举动喜欢胡思乱想……所以，聚会对她来说是一种折磨。

晓珊的这种聚会焦虑与其成长经历有着很大的关系。小时候，她的内在自我被束缚了，不敢放开做自己。上学后，她开始注重外在的成绩和表现，所以她的学习成绩一直很好，也考上了不错的大学。但是，她主动放开和别人的沟通交流比较少，往往比较被动，这就造成了其内在自我感的缺失。参加工作后，需要一个人的内在越来越独立，然而晓珊却存在内在自我感缺失的问题，不能随心而发地融入群体。同时，由于非常重视外在，所以她对外在表现和别人的反应很敏感也很在意。越是敏感在意就越害怕做不好，越做不好下次就更敏感更在意，从而导致她进入了恶性循环。

那么，像晓珊这种聚会焦虑的情况应该如何克服呢？

一、增强自信，获得自我认同

自卑胆小的人才会非常在意别人的评价和看法，通过别人来获得自我认可。所以，我们必须要相信自己，对自己要有信心。我们要不断鼓励自己，告诉自己：我能做得与别人一样好，我不比别人差。通过自我肯定来获得自我认同从而清除聚会焦虑的最大障碍。

二、反问法

当我们因为聚会而产生心理紧张或焦虑时，不妨反问自己一句：再坏又能坏到哪里去？最终我又能失去些什么？当我们想通了这些时，一切就会变得容易起来了。

三、注意力集中法

我们不必过分关注自己给别人留下的印象，正确的做法就是学会把注意力放在自己要做的事情上。比如公司年终聚会，目的是为了庆祝总结，拉近同事之间的感情。在聚会的过程中，我们可以静下心来好好想想自己这一年的工作得失，或者和自己关系好的同事聊聊天，而不必管别人干什么。当我们把注意力集中在自己要做的事情上时，也就不会再注意别人是否在关注自己了。

四、药物控制

结合上面所说的方法，我们可以通过适当地服用一些药物来控制自己的焦虑。当然，这些药物必须是正规医院的医生为我们开的。需要注意的是，我们不能对药物产生依赖，而且只有在使用上面这些方法效果不明显的情况下，才能用药物来辅助治疗。

克服聚会焦虑是一个过程，不要太心急。只要我们慢慢地坚持，努力尝试，一切都会好起来的。

宅：待在家里，就像装在套子里的人

俄国著名小说家契科夫在《装在套子里的人》中塑造了一个性格孤僻、胆小怕事、恐惧变革的人物别里科夫。现实生活让别里科夫总是感到心神不安，感到害怕。为了同世人隔绝，不受外界影响，他给自己包上一层外壳，给自己制造了一个所谓“安全的套子”：哪怕在艳阳天出门他也总是穿着套鞋，带着雨伞，他的雨伞、怀表、削铅笔的小折刀等一切能包裹起来的东西都总是装在套子里，就连他的脸也好像是装在套子里，因为他总是把脸藏在竖起的衣领里面，戴着黑眼镜，耳朵里塞上棉花。坐马车的时候，他也要车夫把车篷支起来。

在现实生活中，也有一种人像别里科夫，把自己“装在套子里面”，那就是“宅族”。这些宅男、宅女整天待在家里，几乎不出去，把自己与外面的现实世界隔绝开来。他们与外界联系的途径是网络，需要买什么东西，从网上买；需要吃饭，点外卖；需要聊天，上微信、QQ 等即时聊天软件。他们害怕或者厌烦与外面现实世界的人和物接触，只是待在自己的小世界中，就如同下面这个故事中的主角一样。

程伟今年 35 岁了，他还有一个外号，叫“极品宅男”。对于程伟来说，多一个朋友就是多一种压力，只有一个人宅在家里才最安全自在。

由于家境贫寒，母亲在程伟 7 岁的时候就外出打工。父亲好赌，经常把他一个人锁在家里，然后出去打牌。程伟除了做作业就是看电视，累了就直接睡觉。虽然这种生活很单调，但碍于父亲暴躁的脾气，程伟也不敢哭闹，因为担心挨揍，他一看到父亲就紧张。

从小学到大学，程伟虽然不喜欢说话，不爱交朋友，但他的成绩还算过得去。1994 年，他考入省内一所本科院校。但大学期间，他不入社团、不竞选学生干部、不与人交流……

1998 年，程伟大学毕业。因为四年间不及格科目太多，他未能像大多数同学一样获得学位证和毕业证。这导致他在求职中屡屡碰壁。在别人异样的眼光中，他日渐消沉，甚至绝望透顶，感觉活着也没什么意思。求职失败后，他好无奈地回家了。

刚回家的那一段时间，程伟很不适应。左邻右舍的议论，让他感觉抬不起头来，索性便闭门不出。父亲的责骂也没有说动他。慢慢地，父亲也懒得说他了。在家无事可做的程伟，最大的乐趣就是看电视，后来是上网。从那时起，程伟一直闭门不出，在家待了整整 10 年之久。

人是群居动物，总是需要交流沟通，如果长期不交流沟通，就会出现各种各样的问题，比如消极悲观，越来越怕生人，多愁善感，非常敏感，害怕失败，与外界格格不入。

另外，宅也会对身体造成很大的影响。生活没有规律，缺乏运动，喜欢熬夜，这是绝大多数宅族的生活方式，而这种方式对身体伤害很大。

一、“宅族”的 4 种典型的心理成因

1. 性格内向

性格内向的人敏感、自卑，虚拟的网络使他们不必担心被拒绝，反而能更轻松地与人交流。所以他们更喜欢待在家里上网聊天，而不是在社交过程中与人面对面交流。

2. 社交技能不足

有人从小没能培养起完善的社交技能或在成长过程中有过社交失败的经历，所以对社交产生焦虑甚至恐惧心理，宁愿在家守着自己的一片小天地，也不出去

社交。

3. 内心迷茫

有些年轻人没有目标，觉得与其在外独自拼搏，还不如在家习惯性地接受父母的照顾。有人年近不惑却一事无成，心生倦怠，感觉自卑、渺小，不愿意见人。有些与儿女分离的老人，因退休失去原有的社会支持系统，产生心理退缩。

4. 压力太大

工作忙、压力大的人没精力交往，只会通过减少社交来自我保护。有时甚至连同事间都懒得面谈，而用网络交流，这让不少人不知道什么才是真实的沟通，也忘记了该如何与人亲近、相处，难以建立真正的亲密关系。

二、针对“宅”的心理成因采取的应对方式

1. 想清楚自己的生活目标

“宅”只是一种生活方式或生存的状态，对任何人而言，这绝对不是最终的生活目标。每个人的内心都有一种自我成长的力量，有着种种对生活的期待和渴求，试着聆听一下自己内心的声音，慢慢激发起改变的愿望，要相信自己是可以而且有能力改变的。

2. 从生活中的小事情做起

我们可以试着偶尔上街去购物，不要完全依赖于网络交易；重新安排自己的作息时间，不要总是熬夜或是睡懒觉；尝试着主动约朋友吃饭；每当完成一件事时，给予自己适当的奖励，以增加自信心。

3. 多到户外走走

我们可以到外面感受一下清新的空气和明媚的阳光。如果条件允许，我们可以制订几项旅行计划，定期出门旅行，这样不仅可以拓宽自己的视野，还会让我们更加热爱生活，更加懂得珍惜和感恩。

4. 积极参加一些体育锻炼，缓解压力

比如散步、慢跑、游泳，运动可以提高身体的知觉力和控制力，增加血液循环，调节心率，改善机体的含氧量，强健体魄的同时还能放松心情，缓解压力，提升精力。当我们慢慢习惯了运动带来的愉悦感受之后，我们的生活方式自然也就在不知不觉中发生了变化。

第八章

特定恐惧：
焦虑的极端表现

在某种特定场合或者见到某种东西而产生的恐惧心理就是特定恐惧，比如恐高、晕血、极度怕黑等。这是焦虑的极端表现。

恐高：这太高了，我要晕过去了

恐高症又称畏高症。恐高的基本症状就是眩晕、心跳急速加快、恶心、双腿发软。据国外调查资料显示，有91%的都市人出现过恐高症状，其中有10%的人属于属临床性恐高。他们每时每刻都得想方设法避免恐高症“突发”，他们不敢乘透明电梯,更不敢站在阳台上,他们连4楼的高度也受不了,更不用说坐飞机了。

为什么人们会出现恐高的状况呢?

其实,怕高是人们普遍的心理反应,是大脑对危险环境自动产生的情绪信号。从进化心理学角度看，那些懂得远离悬崖峭壁的人才能远离危险，他们的怕高基因被一代代地传了下来。恐高一般是因为缺乏安全感，担心坠落和失控，而且这种感觉常被不受控制地放大。恐高还与自我暗示有关，即尚未身处高处，就预计可能会出现恐惧，而惴惴不安，出现期待性焦虑。

恐高的重要表现形式是眩晕，而眩晕与视觉信息缺乏有关。当我们身处高处往下看时，景象大幅度缩小，一切都变得遥不可及，跟平日习惯的视像大相径庭，这时我们的视觉信息大减，就会失去平衡。通常情况下，大脑指挥身体做出的动作幅度是以视野中物体的相对活动为参照对象。假如从高处往下望，地面物体太远太小，就不能作为平衡信息回馈的依据了。再加上人在高处，眼睛无法在水平位置找到实物进行水平运动参照，于是人体平衡系统崩溃，继而出现眩晕，无法定位。

其实，人的姿势和运动是靠“视觉流场”来控制的。当我们站在一条笔直的公路上，公路尽头消失在极目处，这时我们不大会害怕，因为人与这个视觉流场成直角。但是，当我们站在大厦边缘往下看时，尽管也是一望无际，这时大脑的判断能力却会受到困扰，因为人跟视觉流场并非呈直角关系，而是扩大到了180度，如此一来，就会有马上要掉下去的眩晕感。

当然，恐高并非绝症，只要进行适当的锻炼和控制，我们还是能克服的。

假如我们发现自己有轻微的恐高症状，不妨多挑战自己，通过攀高俯视等行为，会使情况有所改善。

假如我们恐高的症状比较严重，就应在医生的监督下，到安全的高环境中接受循序渐进的训练。

缓解恐高有一个最简便的办法，就是闭上一只眼睛，让身体平衡系统较多地依靠肌肉而非视觉来舒缓眩晕和恐惧，但不要闭上双眼，因为眼前一片漆黑时，内心会更胆怯。

另外，恐高还与心理暗示有关。比如，很多人还没有到达高处，便预期到可能会出现恐惧，因而惴惴不安，心慌意乱，出现了期待性焦虑。此时，内心的自我对话便很重要。在接近高处之前，我们不妨先告诉自己，我要到的地方很安全，别人都没事，我也不会发生危险。我们还可以提醒自己在高处的时间不会太长。这样就会让恐高感显得“有始有终”，从而缓解恐高的感觉。

密集恐惧：密密麻麻的让人受不了

在生活中，有些人只要一看到“细小密集”排列的物体，如蜂窝、虫卵、鱼子等，就会产生强烈的不适感，出现头皮发麻、恶心、头晕等症状。这种症状几乎人人会有，只不过轻重不同而已。当这些症状比较严重的时候就被称为“密集恐惧症”。

我们来看一位密集恐惧症患者的自我感受描述：

前一段时间，我的一位朋友问我看到下雨或者密密麻麻之类的东西会不会起鸡皮疙瘩，我说会。他说我也有密集恐惧症。我当时没多想，过了几天那位朋友给我发了一张密集恐惧症的测试图片，我看了之后感到很难受。

没想到，那位朋友后来又给我发过来一张图片，我不想多说图片的内容，因为它真的太让我抓狂了。我看过之后就起了一身的鸡皮疙瘩，难受得不行。

对于密集恐惧症，美国的生活科技信息杂志《大众科学》（*Popular Science*）曾经采访过10位心理学家，这些心理学家普遍认为它不是一种心理疾病，而且最新的心理健康手册《精神疾病诊断和统计手册》（DSM-5）也没有将密集恐惧症列为心理失调。但是，生活中确实有很多人受到密集恐惧症的困扰。

英国埃塞克斯大学（University of Essex）心理学家杰夫·科尔（Geoff Cole）通过研究，认为密集恐惧症是一种对孔洞的非理性恐惧（Fear of Holes）。

科尔研究小组认为密集恐惧症是一种我们在进化中形成的本能，目的是为了躲避那些带洞的东西。他们通过多项研究得出结论：密集恐惧症实际上是对有毒动物“发现—趋避”效应的表现。而这一效应，也许在人类起源之前就产生了。对于有毒动物这种视觉特征的不适感，有利于我们的祖先及时发现和逃避有毒动物的侵害，并通过遗传固定在我们人类的大脑深处。

那么，我们应该如何治疗密集恐惧症呢？

一、利用美化事物法

这种方法就是把一切不舒服的东西美好化。我们应该在内心抱有这样的想法：外表丑陋的东西也许其内在是十分美好的。我们要多往好的方向去想，并不断激励自己，只要能克服它，自己将获得更大的力量，遇到问题也有更大的解决勇气。这一方法令许多患者不仅摆脱了密集恐惧症的烦恼，而且还增强了自信。

二、采用暴露疗法

这种方法就是强迫患者接受造成其恐惧的事物。将患者骤然暴露于其恐惧的事物前，使其心理受到极大的刺激，如果成功，会使患者建立起对恐惧印象的新认识，明白恐惧并无必要。比如，学法医的学生，就是利用接触尸体来消除恐惧的。

三、别太在意自己的反应

紧张总会伴随着一系列的身体上的不适，根据强化理论，如果紧张时我们太在意自己的身体某些部位的紧张反应，就相当于在强化自己的紧张行为，使其逐渐加重。而当我们不去管自己的紧张反应后，由于紧张得不到注意和强化，紧张反应就会随着时间的推移而逐渐消退。

需要说明的是，我们如果发现自己存在密集恐惧症的话，不要恐慌，积极应对就可以了。

幽闭恐惧症：我一走进电梯就心慌

高瑾今年45岁，每当她坐电梯时都会紧张不安，心慌意乱，总是担心电梯的缆绳会断，电梯厢会坠落。而且，她只要待在厕所、阁楼、公交车、火车上，就会感到憋闷难受、心跳加速、流汗、眩晕、恐惧、焦虑、惊慌，甚至是情绪失控，出现濒死感。因此，高瑾极少出远门，没办法乘坐交通工具，买房子也考虑只住1楼。这种糟糕的情况伴随了她很多年，让她非常痛苦和焦虑。

这就是一个典型的“幽闭恐惧症”的患者。幽闭恐惧症属于恐惧症中较为常见的一种，是对封闭空间的一种焦虑症。这个封闭空间的范围在生活中比较广泛，包括电梯、火车、汽车、机舱、卫生间、狭窄的巷子或通道等。

幽闭恐惧症给人们的日常生活带来了巨大的困扰，当然，这是针对非常严重的患者而言。

判断幽闭恐惧症有一个非常简单的方法，那就是看是否有回避或逃离的行为：

当进入某一特殊环境，比如商店、剧场、电梯、公共汽车、火车时，就会莫名地产生一种恐惧感；总担心会失去控制、发生某种可怕的事情，而又无法逃离现场；一旦处在恐惧环境之中，就害怕出事，不由自主地想逃避，如若不能实现，就会心慌、呼吸急促、出冷汗、头脑混乱、肌肉抽动，甚至昏厥。一离开恐惧环境，就会自行恢复正常。

如果以上症状时常发生在你身上，那么你就是一个幽闭恐惧症患者。

幽闭恐惧症的原因是什么？

幽闭恐惧症的成因是复杂的，可能是某一具体的原因，也可能有不止一种原因，目前对此并没有非常权威的解释。不过，其可能的成因主要包括社会心理因素、遗传及性格因素等。

一、社会心理因素

比如过分严厉或教条化的教育，过分粗暴或压抑的环境，会使人的心理成长单一化或是正常心理发育受到扭曲，难以对客观事物做出正确判断，这些就是社会心理因素。

另外一个重要因素可能来自于幼年时受到的心灵创伤。电影《达·芬奇密码》的男主人公兰登教授由于小时候失足跌落水井，呼救无援，长大后就患上了幽闭恐惧症。其实，大多数幽闭恐惧症患者真正恐惧的内容被压抑在潜意识中，对狭小空间的恐惧只是其转换和象征，当有一定情境去触发时，比如在电梯中，患者就通过出汗、心慌、颤抖，甚至昏倒等行为，让周围的人知道他有多难受，从而传达一种不能言语的痛苦。

二、遗传及性格因素

有些人天生紧张而显神经质，他们最易产生恐惧感，患此病后偏于高度内向、固执、敏感多疑、心胸狭窄，常表现为胆小、怕事、害羞及依赖性强。

当有可能导致幽闭恐惧症的各种因素互相冲击，患者自身又无法解决承受的精神压力，精神压力超过其自身的承受能力范围时，就会发病。

幽闭恐惧症的缓解和治疗主要是找到病因，然后结合脱敏疗法和药物控制来进行。当然要结合药物治疗，就必须在专业的医生的指导下进行。

比如电梯恐惧症。患者需要回忆一下自己是否在童年时期受到过某种创伤，如与亲人分离、家人死亡、意外事件、恐吓事件以及与父母之间的关系等。如果有，就要进行必要的心理疏导。然后进行脱敏疗法，可以先看电梯的图片，然后再看实物电梯，最后尝试站进电梯，同时配合放松疗法。这个过程要循序渐进，不能操之过急。

黑暗恐惧：我不敢处于黑暗的环境

害怕黑暗，这是人的本能。白天，人们可以看清楚一切，知道周围有什么；而在黑夜里，什么也看不见，这就意味着未知。而人最怕什么呢？是未知的东西。比如我们看恐怖片，刚开始不知道那些恐怖之物是什么，就会心中害怕，当最后揭开了谜底，也就不害怕了。而有些影片则会在最后不揭谜底，让观众猜测，这样就会因为“未知”而给观众留下深刻的印象。

在黑暗的情况下，因为未知，大脑往往会去想象害怕的场景。正常情况下，人们也仅仅是想想，知道不会发生什么，也就不会产生太大的恐惧。而有些人则会不受控制，越想越害怕，犹如置身其中，产生巨大的恐惧。这种情况就是患上了黑暗恐惧症。

黑暗恐惧症是一种对黑暗表现出特别恐惧的心理疾病。患者对黑暗产生了一种强烈的条件反射。只要身处这种环境之中，就会产生恐惧感以及无法控制的强迫性思维，会不自觉地去想一些令自己恐惧的东西。

黑暗恐惧症主要表现为怕黑，不敢一个人独处，白天与晚上精神症状不一，情绪相差很大。

下面是几位对黑暗恐惧之人的体验：

马可说："凡是黑的地方我都害怕极了。晚上不敢走学校长长的走廊，即便身边都是同学，即便有微弱的光亮，我也会害怕得不停地回头看。看见漆黑的冬青，我会怕得发抖。晚上，我不敢睡，即使是六个人一个房间，我也只能睁着眼睛到天亮。"

苏珊说："夜间，我能看到一些奇奇怪怪的说不清楚的形状，再小的声音我都能听到，并且这声音会越来越大。我有时感觉有人在我旁边呼吸，其实当时就只有我一个人在屋里。"

周丽说："在夜幕降临之后，只要我不待在光亮的地方便会焦虑不安，哪怕身边有同伴也不能完全消除这种不安。即使走在街道上，仍然会有一些莫名的慌乱。最严重的情况当属停电时，我会感到难以言喻的暴躁、焦虑。"

黑暗恐惧症产生的深层原因没有统一的定论。心理学家荣格认为，怕黑是人的一种本性。有实验证明，把婴儿放在黑暗里，他就会哭。荣格认为这是人从远古时代遗传下来的"集体无意识"，人人都会有。但是，对于不同的个人来说，许多过去的经历，尤其是童年期的经历，会使"怕黑"的本性带上一些特殊的诠释。

或许对一些人来说，怕黑的根源在于缺乏安全感，或者说是感到一种孤独与无助。因为他们小时候缺乏双亲的关爱，特别是父亲的关爱。

性别差异心理学认为，男性常常作为一种强势的象征，给人以安全感。而自小失去父亲的人，对母亲极度依赖，这使其不自觉地把一些女性的特征内化到自己的人格中去。这就是导致其之后始终渴望有一个肩膀让自己依靠的重要原因。

那么，我们应该如何克服这个问题呢？

首先，把能引起你紧张、恐惧的各种场面，按由轻到重的顺序列成表（越具体越好），分别抄到不同的卡片上，并按顺序依次排列好。

其次，坐在一个舒服的座位上，全身放松。当你进入松弛状态后，拿出上述系列卡片的第一张，想象上面的情景，想象得越逼真、越鲜明越好。如果你觉得有点焦虑不安、紧张和害怕，就停下来不再想象，做深呼吸使自己再度放松下来。等完全放松后，重新想象刚才失败的情景。若不安和紧张再次发生，就再停止后放松，如此反复，直至卡片上的情景不会再使你感到不安和紧张为止。

再次，按同样的方法继续下一个更使你恐惧的场面（下一张卡片）。注意，每进入下一张卡片的想象，都要以你在想象上一张卡片时不再感到不安和紧张为标准，否则就不得进入下一个阶段。

最后，当你想象最令你恐惧的场面也不会感到不适时，便可再按由轻至重的顺序进行现场锻炼，若在现场出现不安和紧张，亦同样让自己做深呼吸放松来对抗，直至不再恐惧、紧张为止。

当你的黑暗恐惧症比较严重，仅仅通过上述方法无法治愈的时候，你就需要到医院接受专业的治疗了。

晕血：我一看见血就会心跳加速，非常害怕

晕血症也叫“血液恐怖症”，是由于接触到或看到、嗅到血液而产生的意识及躯体的一种过激反应。这种病症在意识上有惊恐、心悸、眩晕等反应，在生理及躯体上表现为血压升高、心率加快、反胃、肢体无力等。晕血实际上是发源于大脑皮层中的意识活动，大脑发出指令，促使相关激素的分泌，产生生理及躯体的反应。

我们来看一下下面这个关于晕血的案例：

小高有过一次晕血的经历。那是在高考体检抽血的时候，抽完血之后，小高把棉签拿开了，看见有少量的血涌了出来。突然她的脑海中不断地出现鲜血疯狂喷射的场景，她觉得不对劲，浑身不舒服，心跳急速加快，然后晕倒在了地上。

像小高这种在抽血的时候发生晕血症的人比较常见。患晕血症者，轻者见血就感到恐怖、恶心；重者会失去知觉晕倒。小高就是比较严重的晕血症患者。

一般来说，晕血症发生的原因有两个方面：生理因素和心理因素。

从生理方面解释，这种表现是人在突发事件“看见血”的情景下，精神受到强烈刺激，导致神经血管系统的高度紧张，大脑部分缺血时出现的休克性症状。晕血症是由血管迷走神经反应过于活跃导致的，是一种进化的恐惧反射。这种反应能减缓心率、降低血压，导致血液流向腿部，大脑供血不足。而流入大脑的血液，含氧量不够多，从而导致人头昏眼花，甚至昏倒。当患有恐惧症的人面对令他们恐惧的事物时，并非单纯地出现心跳加快与血压上升，往往还会伴随着呕吐、头昏眼花与晕倒的现象，晕血症也一样。

从心理方面来说，晕血症是一种心理疾病，属于恐惧症中的一种。晕血症属于特定恐惧。患有特定恐惧症的人一旦暴露于这种情境或正视这种事物时，就会产生严重的压抑感或恐惧感。一般情况下，晕血症患者除不能见血外，其他方面与正常人无异。

晕血症并不可怕，一般是暂时性的意识丧失，处在浅昏迷状态，生命体征稳定，没有必要惊慌失措。如果发生晕血时，正确的处理方式如下：使患者平卧，移至环境安全、温度适宜的地方；解开颈部纽扣，如果口内有异物或痰液要及时清除；有条件的可小流量吸氧，并轻拍患者肩部，轻轻呼叫患者，一般几分钟后患者就能自然苏醒；休息 10~15 分钟，一般可以恢复，必要时需给予药物抢救治疗；暂不喂水，以防发生呛咳。

晕血症的治疗，一般以心理治疗为主，服用药物为辅。

首先，要从消除恐惧入手，主要进行“认知—行为”治疗。这种方法是矫治恐惧症的基本疗法。心理治疗师通常让患者直接面对所恐惧的物品或场所，用暴露疗法消除恐惧体验，或者用系统脱敏法逐步降低患者对所恐惧事物或情境的敏感程度，使患者逐渐从容面对所恐惧的对象，从而克服恐惧。关于暴露疗法和系统脱敏法，我们会在后面章节进行详细讲述。

此外，通过识别恐惧的根源，进行自信心训练也可以起到治疗效果。服用抗焦虑药作为辅助性或应急性措施，可以有效地预防或阻止因恐惧产生的生理反应，如脸红、心跳、出汗、发抖等，但应遵从医嘱，少用或者慎用药物，以免形成依赖。

其次，调整个体的认知态度，保持对血的亲近感。我们面对惧怕的东西，越是走近它、亲近它，畏惧感就越淡漠。某些东西本不可怕，往往是我们在开始时，那种不祥之感的心理负面暗示和所形成的抵抗不祥感觉的态度，才强化了我们对某样东西的恐惧。所以，消除对“晕血”的困扰，可以从接近血液做起。

那么，如何练习接近血液呢？我们可以先从想象开始。通过想象唤起有关血液的场景，如输血、抽血、创伤流血等情景，想象自己能触摸血液、清洗血迹、包扎流血的伤口等。经常这样练习，可增强抗晕血恐惧的心理耐受力，并可以增强接触血液的力量感。之后，需要在现实中逐步练习：观看流血的场景，如在献血场合观看别人献血的过程，如遇到自己或陪同亲人看病时验血，尽量看着医生操作；尽量感受电视电影里的流血场景；若遇到小创伤流血，尽可能亲自擦拭血迹或包扎。如此一来，晕血的程度会慢慢减轻，直至完全没有感觉。

总之，晕血确实给我们带来了困扰，但最重要的是以一种平常心来对待，不要太苦恼，要逐步克服。

动物恐惧：快换台，这画面我受不了

小赵和女朋友正在看一部电视剧。一集完了之后开始插播广告，小赵就拿起遥控器换台。

当小赵调到《动物世界》的时候，他的女朋友突然惊恐地大喊起来：“快换台，快换台。这画面我受不了！”只见她一边喊，一边把沙发上的小靠枕拿起来蒙在脸上。原来电视画面上出现了一些形状各异、身体柔软的小动物。

小赵这才反应过来，马上调换了频道。他知道女朋友非常害怕那些身体柔软的动物，比如毛毛虫、蚯蚓、蛇、蜗牛等。只要看见这些东西，她都会反应激烈，惊恐大叫，有多远躲多远。

小赵女朋友的这种情况是“动物恐惧症”。这种恐惧症应该和人的天性有关，属于进化而来的恐惧。人很容易产生对蚯蚓、毛毛虫、蛇等动物的恐惧，这些都是自然的物体，这是由于很久以前这些东西会危害人类的生命。

对于动物恐惧，美国达拉斯—沃斯堡恐惧症中心主任克拉克·文森经过研究更加证实了其与人的天性有关的说法。克拉克说：“这可能是一种与生俱来的恐惧，在原始时代蜘蛛、蛇等动物为了保护自己和物种的繁育，多数带有剧毒，人们在漫长的原始社会丛林生活中一旦被蛇和蜘蛛咬伤就可能会死亡，无数次的惊吓使人天生对它们有恐惧心理……”

对动物的恐惧和环境也有很大的关系，不同的环境下会有不同的感受。如果在野外看到毛毛虫、蛇等动物，我们虽然会觉得害怕和恐惧，但会认为这很正常；如果在屋子里发现同样的东西，我们的恐惧和害怕会强烈很多，有些人甚至会有快要晕厥的感觉。

对于动物恐惧症的缓解和治疗，我们可以采用“暴露疗法”。关于“暴露疗法”，我们会在后面的章节进行详细讲述。

其实，动物恐惧症并不是绝症，只要我们采用适当的方式，坚持去做，就一定能克服这种病症。

选择恐惧：A 还是 B，我很难确定

14 世纪的哲学家杰·布里丹讲述了这样一个故事：

布里丹养了一头小毛驴，他每天要向附近的农民买一堆草料来喂它。

有一天，送草料的农民出于对哲学家的敬仰，额外多送了一堆草料放在旁边。这下子，毛驴站在两堆数量、质量和与它的距离完全相等的草料之间为难坏了。它虽然享有充分的选择自由，但由于两堆草料价值相等，客观上无法分辨优劣，它始终无法确定究竟选择哪一堆好。

这头可怜的毛驴就这样站在原地，一会儿考虑数量，一会儿考虑质量，一会儿分析颜色，一会儿分析新鲜度，犹犹豫豫，来来回回，在无所适从中竟然活活地饿死了。

这就是著名的“布里丹毛驴效应”。它表达了一个非常重要的观点：有时，自由意志反而会导致“无法作为”（inaction），即一种由“不确定性”和“过量的选项”造成的“选择决策能力的丧失”。布里丹的这个理论是选择性恐惧症最为恰当的论述。

在我们的日常工作生活中，像布里丹毛驴一样，患有选择性恐惧症的人不在少数。对于他们来说，“中午吃什么”“买哪种颜色的衣服”都会成为一种困扰。

我似乎真的有选择性恐惧症，不管是什么样的东西，只要有选择，我就会非常为难，犹豫、犹豫、犹豫……我好像没有什么目的性，就说吃饭，只要有选择，

哪怕只有两种，我也要为难上一阵，真的不知道应该到哪家吃才好。工作、生活中好多事情也是这样的，我不知道应该怎样选择。选衣服，选袜子，选卫生纸，选水杯，甚至连选老公，我都不知道要怎么抉择！所以好多事情至今我都还没有想明白到底要怎样——一边担心机会溜走，一边担心选择了将来后悔。其实，我更希望有些事情还是没有选择余地的好，只有一种结果可能更适合我。

有选择性恐惧症的人性格上总是特别犹豫，遇事时很难马上做决定，总是会反复思量，再三斟酌，使本来很简单的事情变得很复杂。这种纠结的心态体现在生活的方方面面，只要是一些比较重要的决定，都会让他们陷入纠结中。他们不知道自己想要什么，“考虑自己要选什么”不仅会让他们烦躁，有时还会造成极大的痛苦。

在电影《最爱女人购物狂》中，演员刘青云便扮演了一名“选择恐惧症”患者。点一份饭几乎能从中午耗到傍晚，更不用说在琳琅满目的商场买东西了。

为什么会产生选择性恐惧症呢？也许很多时候，问题不是出在所要做出的选择本身，而是在选择之外。

比如一个成绩优秀的大学生，毕业后的去向成了他的巨大困惑。他无法确定到底是去 A 公司还是 B 公司。他反复跟人讨论，最终还是没有结果。其实，他意识不到内心深处对于毕业的恐惧。因为毕业意味着残酷的竞争、工作的压力。他不希望接受这份痛苦，所以他的想法就是：一切问题都是我不知道该选择哪个公司。

一、产生选择性恐惧症的原因

1. 过于追求完美

有人凡事求完美，赋予所选事物太多意义，甚至有些强迫，无法轻易做出抉择。所以，在做选择的时候，我们不要追求过分完美，只要利大于弊就可以决定。如果确实很难选择，则可以根据自己的直觉来做出判断。

2. 独立性差，害怕担责任

一些选择性恐惧症的患者，他们的依赖性很强，自主性不够，做事很容易犹豫，不知道如何做出选择，久而久之，一旦自己要做出选择，就会出现恐惧心理。这种情况在那些被包办、被过分溺爱的孩子身上经常出现。

3. 曾经的心理创伤

有些人曾在重大事务上出现过选择失误，比如选错专业、工作、对象等，导致以后生活困难，不如意，从而形成心理阴影。当他再次面临选择的时候，就会出现犹豫不决，无法决断。“一朝被蛇咬，十年怕井绳”就是这种心理。

二、与选择恐惧症相关的心理陷阱

需要注意的是，和选择性恐惧症相关的一些心理陷阱。美国哈佛商学院决策领域教授霍华德·雷法认为，人们在做复杂决定时，会无意识地掉进一些思维陷阱中，以至于做出错误的决策。

1. “沉没成本”心理陷阱

“沉没成本”是经济学用词，指已经付出、无法回收的成本，如已经花费了的时间、金钱、精力等。

这个心理陷阱指的是人总是念念不忘已经花出去的成本，并由此继续坚持错误的决定。

比如看电影，开场不到10分钟就昏昏欲睡，但想着“花了45元买电影票”“不能浪费”，就熬到影片结束，结果浪费的是两小时做其他事的时间。

谈一场恋爱，明知感情已变，在一起不会有什么结果，但想想这几年投入的感情、时间、精力，还是不愿意分手，就那么耗着……

2. “第一印象”心理陷阱

它是指我们做决定时，常常受“第一印象”的影响，把对整件事情的判断都锚定在最初的看法中。

这个心理陷阱很常见，比如一位职场新人刚上班就不小心复印错了资料，由此领导便对他有了“不靠谱”“不细心”的印象。

往后即便这位新人多次展现出一丝不苟、勤奋认真的工作态度和能力，领导也极有可能因为最初的印象而拒绝重用这位新人。

3. “有利证据”心理陷阱

它是指人们一旦做了决定，就会把注意力放在“支持”自己决定的观点、意见等信息上，而对“否定”的见解视而不见。

这种现象在生活中也常常出现。比如，当我们做出了不去旅行的决定，就会倾向于看到“旅行容易出意外”“旅行就是花钱买罪受”等信息；如果觉得哪部电影好看，就更有可能点开那些正面的影视评论。

第九章

突破焦虑思维，走出情绪死循环

生活本身不会产生焦虑，焦虑是人们自己想出来的。所以，要走出焦虑，首先要改变自己的思维方式和行为习惯。

容易引起焦虑的思维方式

思维方式就是人们看待事物的角度、方式和方法，并由此而形成的一种固定的思维习惯模式。一个人的思维方式只要形成，他在看待任何事情的时候都会不自觉地采用这种模式。它对人们的言行起决定性的作用。在日常生活中就有一些这样的思维方式，很容易引起焦虑。

一、非此即彼

这是要么全有，要么全无，走两个极端的思维。拥有这种思维模式的人认为事情不是全坏就是全好，看不到事情的复杂性和多面性，也没有中间地带。

我们很多人都会有这种体会，当你处在焦虑中的时候，你做错了一件事或一个决定，你可能会这样想，“完了，我又将事情搞砸了，我真是个一无是处的笨蛋”。这种评价标准是不现实的，生活中很少有非此即彼的情况。没有一个人是绝对优秀的，也没有一个人是绝对一无是处的。

敏娜是个害羞内向的女孩。有一次同学聚会，他们决定去 KTV 唱歌，但敏娜对 KTV 并没有什么好印象。在同学的盛情邀请下，她只好勉强去了。当来到 KTV 的现场时，尤其是面对一群陌生人以及嘈杂喧嚣的环境，敏娜就开始焦虑了。她觉得整个 KTV 和在 KTV 里的人都很讨厌，让她有一种不安全感。于是，她就一直黏着跟自己关系特别好的一个同学，并提前离开了这个聚会。

二、只看事情消极的一面

只看到消极的一面，看不到积极的一面，其结果是对世界充满悲观和焦虑。简单地说，具有消极思维模式的人，常常会认为坏事都是自己的原因，好事都是别人或者外界的原因。

在一场足球比赛中，赵涛攻入了制胜的一球，于是教练就把他列入了球队的首发阵容，而不再是替补队员了。但没过多久，赵涛就开始惴惴不安起来，他总觉得自己作为首发队员名不副实，在他看来，他的那个进球是因为对方守门员犯了个错误。虽然他训练得非常刻苦，一直是球队中速度最快的球员之一，但他并没有看到自己为成功付出的努力，而是将自己的成功看成是偶然和巧合。这让他非常焦虑，甚至影响了他在比赛中的发挥，使得他最终沦为板凳队员。

三、把一切看作灾难

这种人往往会基于最小的征兆做出最糟糕的假设。所以，任何不好的事情都会给这种人造成很大的压力，而且他们会不断放大这种压力，从而导致焦虑。

晓晓的胃持续疼了 3 天，她被吓坏了，觉得自己肯定是得了某种不治之症，比如胃癌。她在网上查的消息越多，就越觉得自己的情况越糟糕。她甚至觉得自己快要死了，于是给自己的闺蜜打电话。闺蜜对她说："你这么担心，咱们去找医生看看不就行了吗？"晓晓特别害怕："我不去，去了之后万一确诊是癌症，那我不就死定了！"当闺蜜把她强行拉到医院经过检查后，发现她只不过是得了肠易激综合征，是一个非常常见的因焦虑引起的健康问题。

四、只凭自己的感受判断

这种人很难清晰理性地思考问题，只要是自己认准的事情，就觉得一定会是那样。他们自以为是，结果往往会给自己造成巨大的困扰。

丽丽在男友的手机上看到一条短信："大哥，我是你的唯一。"她勃然大怒，认为原本老实本分的男友也不过是个花心大萝卜。她拿着男友的手机就拨通了那个号码，可是接电话的是个男人，开口说："兄弟，什么事儿？"丽丽心想，居然找个男人代替自己接电话，这个女人也够狡猾的。

她马上把男友摇醒，一通审问。男友却根本不知道这个陌生的电话号码是谁的。自己又打过去一次，才发现口音和自己老家的人类似，但是真想不出来是谁。可是丽丽就是不依不饶，认为男友出轨了。为此，两个人大吵了一架。

最后搞了半天才发现，原来是老家一个孩子的恶作剧。

有时，我们的想法会欺骗我们。其实，真相往往并非如此。

五、完美主义

拥有这样思维的人觉得不能做到完美的事，就不值得去做。这种苛求往往会让人产生巨大的心理负担。

虎子觉得，他必须成为单位最好的员工，这样才能受到领导的喜欢，才能被同事所看重，不然他做的一切都没有意义。他对自己的期待特别高，高得根本无法实现。单位里的任何荣誉都要有他的份儿，否则他的工作就白做了，他的付出就等于零。领导所有的夸奖都只能围绕着他，只要领导夸奖了别人就是对他的否定。结果却让他一直对自己失望，对所有的事情感到焦虑。

后来，在心理医生的指导下他重新设定了目标，结合理想和现实设定了具体的适合自己的个人目标。他发现所有他认为完美的人都有不完美的地方，完美只是他们向世界展示的一面，了解到这一点后，他的焦虑就减轻了不少。

在生活和工作中，我们要尽量避免上述思维方式的误导，不要让其把自己带入焦虑之中，给自己造成痛苦。

正确应对那些焦虑

焦虑产生时，很多人的第一反应就是回避。因为对于患者来说，回避是缓解焦虑最安全的方式。但是，从长远的角度来看，回避是非常糟糕的方法，是在饮鸩止渴。回避会磨掉人的自信，使焦虑出现累加效应，会给人带来更大的痛苦。所以，我们不能回避焦虑，而是要正确应对那些焦虑，改变或者换一个角度来想问题。也就是说，我们要学会换位思考。

关于换位思考，德国心理学家曾做过这样一个心理学实验：

他们将受试者分成两组，给每个人一百美元去赌钱。在进赌场之前，测试者对其中一组人说："如果你们选择不赌的话，你们就会失去百分之六十的钱。"结果，几乎所有的人去赌了。测试者又对另一组人说："如果你们选择不赌的话，你们就会得到百分之四十的钱。"结果，绝大多数人没进赌场。

这是一个非常有趣的心理学实验，提出了一个十分重要的心理学问题：在处理任何事情时，由于认识和思考的方法不一样，心理反应也不尽相同，引出的结果也可能截然不同。如果我们用换位思考的方式来应对焦虑，必然会引起截然不同的结果——不焦虑。

大家都会有这样的经验，我们在超市结账或是在机场安检时，总觉得自己排错了队伍，好像旁边那个队进行得更快。其实如果我们仔细观察的话，就会发现，我们站的也不是最慢的队。当我们意识到这一点时，后悔焦躁的情绪就会小一些。

有这样一个经典的小故事：

一位老妈妈生养了两个女儿，大女儿嫁给了一个卖伞的生意人，二女儿在染坊工作。这使得这位母亲天天忧愁焦虑。天晴了，她担心大女儿的伞卖不出去；下雨了，她又忧伤二女儿染坊里的衣服晾不干。她这样天晴也愁下雨也愁，没多久就白了头。

有一天，一位远方亲友来看她，在问明焦虑的缘由后，对她说："下雨天，你大女儿的伞好卖；晴天，你二女儿染坊生意好。对你来说，天天都是好日子，你干吗不高兴呢？"

老妈妈转念一想："是呀，我真是老糊涂了。"从此，她每天都高高兴兴的，人也越活越年轻。

可见，只要我们能转换想法，同样的一件事情，就能让自己从焦虑变为快乐。

除了转换想法，我们还可以将对长期性问题的忧虑，转移到每天固定的事情上。这样，焦虑就会在行动中渐渐消失。与其担心自己的身体状况，担心孩子的考试成绩，担心老公有外遇，不如回到每一个当下去行动。

人在做决定时经常犹豫不决，世界级焦虑治疗专家 Elna Yadin 博士说："先做决定，然后使它成为正确的决定，立即去行动。从而把我们从担忧和不确定的黑匣子中拯救出来，帮助我们掌握当下正在发生的事。"

许多人把今天用在后悔过去、担心未来上。然而，要知道，我们拥有的只有今天，每天至少有 15 万人离去，而他们不再拥有今天。每个当下，尽量用心说好每一句话、做好每一件事、好好对待每一个人，自然不会后悔过去、担心未来。

有人可能会说，我知道要行动，但是我不知道，如何行动，从哪里开始行动？这确实是一个非常现实的问题。这里有一个很实用的方法：从小的目标开始行动。

在行动的时候，我们不能急于求成，要有耐心。当一个个小目标完成的时候，大目标也就自然而然地完成了。

总之，我们要正确应对焦虑的想法，或者转换角度，或者转移到当下的行动中，这样才不至于沉浸在焦虑的情绪中无法自拔。当我们跳出焦虑，一切将快乐美好。

理解并接纳焦虑

很多时候，焦虑就像一个处于叛逆期的孩子，我们越管它，越和它较真，它就反抗得越厉害，越让我们难受。

这其实和治理水患是一个道理，堵不如疏。大禹治水的故事大家都应该听说过。禹的父亲鲧用封堵的方式治水，结果失败了，被舜所杀。禹则用疏导的方式治水，结果成功了。对待焦虑我们也要用“疏”的办法。如何“疏”呢？关键在于理解焦虑，并最终接纳焦虑。

我曾经深受焦虑等负面情绪的困扰和折磨。特别是在高中的时候，我几乎整天都闷闷不乐，总是莫名其妙地感到紧张与焦虑。那对我而言就像是一个挥之不去的噩梦。

上了大学之后，我发现它影响到了我的方方面面，学习、人际关系、爱情等都深受那种莫名其妙的焦虑的影响。我感觉自己的大学生活一团糟，觉得自己很没用。我总是希望这种莫名其妙的焦虑可以滚远点，但是它就好像影子一样黏着我。而且，我越希望它消失，那种不安的焦虑感就越强烈。我感觉自己已经陷入了一个由负面情绪组成的沼泽里，而且越陷越深。

为了摆脱焦虑等负面情绪的困扰，我去图书馆借了大量的书籍来阅读，学习了大量缓解负面情绪的方法。可是，每一种方法对我而言都无济于事。最后，我失望地对自己说，顺其自然，随它去吧，至少我还活着。我彻底放弃了抵抗，但是奇怪的事情发生了。我竟然由此找到了克服那些负面情绪的方法。我对焦虑的缴械投降，竟然让我阴差阳错地找到了一种克服它的方法——接纳。

下面我详细讲述一下自己的心路历程，希望给曾经和我一样饱受焦虑折磨的人以借鉴。

通常情况下，当我们出现焦虑、悲伤、愤怒、心跳加速等机体反应的时候，我们会习惯性地去抱怨与逃避，对自我进行否定：我怎么又出现这种心态了，我真是一个奇葩，为什么别人不会这样，而我却偏偏在这个时刻出现了这种心理？我是不是没救了？

这种反复的抱怨对消除那些消极心理没有任何作用，而且我们越这样做，这种心理对我们的影响就会越深，然后我们会陷入更深的痛苦之中。

也许，我们在抱怨之后会选择逃避，强迫自己去逃避这种心理。而越是强迫自己不要焦虑，不要猜疑，我们的脑海中又会反馈一遍“焦虑与猜疑”。最终，它会让我们变得越来越痛苦、消极，甚至崩溃。

我当时就是这种状况。当这种痛苦将我摧残到了一个极点之后，我发现自己不管怎样抗争都无济于事，没有任何效果。绝望至极的我放弃了抵抗，任由这种痛苦在自己的身体里肆虐，不管多大的伤痛我都忍着，因为我知道自己没有任何办法去改变，只能接受它带来的痛苦，虽然我非常憎恶这种心理状态。我发现当自己放弃抵抗，坦然面对这种心理带来的一切负面影响之后，反而觉得痛苦感没有以前那么强烈了。慢慢地，这种心灵上的痛苦会消失，我不知不觉地从阴影中走了出来。我非常奇怪，为什么自己放弃了抵抗，负面情绪带给自己的影响反而会变小，直至慢慢消失呢？后来，我想通了。这其实和道家思想中的“以柔克刚”的理念是相同的道理。敌人非常强大，我们完全不是它们的对手，这时要避其锋芒。而万物都会面临一个由盛转衰的过程，只是昌盛的时间长短不一罢了。等到对方转衰的时候，我们就迎来了胜利的机会。负面情绪也是一样，当我们什么也不做，什么也不想，放任它肆虐，它反而会很快就消失了。

在尝到了“放弃抵抗”的甜头之后，我开始思考，为什么我一定要等到发现自己抵抗不了之后才放弃？我为什么不在一开始就放弃，连抵抗都不用抵抗，那样我承受的痛苦不就少了很多吗？换句话说，焦虑来临的时候我敞开大门迎接它，不反对它，是不是效果会更好呢？我这么想了之后就去实践，结果发现自己就像是推开了新世界的大门。这就是我要说的接纳负面的自我。

其实，人从一出生的时候，就被刻画出了两个自己，一个正面的自我与一个负面的自我。这两个“自我”会在我们成长的过程中根据不同的情形交替出现。正面的自我出现的时候我们会开心，负面的自我出现的时候我们也不必烦恼。因为那也是我们自己，我们唯一能做的就是去包容与接纳。

从小到大因为受到外界各种各样的法则和价值观的影响，我们会对自我认知出现严重的偏差。我们会觉得自己的一生应该美好，应该积极向上，所以我们会一味地去追求成功，追求正面的东西，似乎那些东西才能让我们实现自我价值，似乎只有不断地去追求美好然后实现美好的成长才是真正属于自己的成长，在那个过程中我们才会认为我们真正做了自己。而当不好的东西出现来影响我们的时候，我们会很厌恶，想要避免，想要逃离，因为它们会让我们悲伤与痛苦，它们似乎不能让我们正常地做自己。试想，我们去抗拒自己，去逃避自己最真实的表达，又怎能不痛苦？所以，我们需要学会的就是爱与包容。当我们感到莫名的焦虑或恐惧时，坦然地接受，沉下心来，仔细去感受负面自我的到来。

我一般会这样想：原来这就是另一个自己呀，原来另一个自己是这样的，我想看看另一个自己是怎样带来痛苦的。渐渐地，我发现自己已经完全从情景之中抽离了出来，以一个旁观者的姿态在看着负面的自我到底是如何施展魔力的。并且，当我们接受并去感受负面的自我的时候，我们会发现自己痛苦焦虑的本源是什么，找到了本源，似乎一切都豁然开朗了。我告诉自己，我只有多去面对自己的负面情绪，我才能对它“免疫”。这不是找虐，这是一次对自我的突破。当我们习惯并且适应了之后，会发现自己的人生体验好像达到了另一个高度。

当我们学会接纳负面的自己时，那就没什么可以伤害到我们了。

这是一个战胜焦虑的经典案例。患者通过自己的实践摸索和思考，找到了走出焦虑的有效方法——接纳。不逃避，不抵抗，顺其自然，理解接受，和焦虑做朋友，最终让自己的人生体验达到了一个新的高度。

不要太在乎外界的评价

太在乎外界评价是导致焦虑产生的重要因素之一。很多人的焦虑不是来自于自身，而是来自于外界。比如，“老板是不是讨厌我”“我这样做会不会让她不高兴”“我说这话一定会让同事看不起”“遇到这种情况，他会怎么做”等。外界的评价和看法成了很多人沉重的包袱。

吴可的苦恼和焦虑来自于她的堂姐吴欣。吴可比吴欣只小了一个多月。从两人还是小孩的时候，双方家长对她们的比较就开始了。比如，谁先学会说话，谁先学会走路，谁比较乖巧，谁比较讨人喜欢……这些都是家长们津津乐道的内容。

上小学后，她们两人的成绩更是成了大人们相互比较的重要话题。在小学四年级的期末考试中，吴可的几门功课都考得不错，父母非常高兴，表扬了她几句。后来，当吴欣考得更好时，所有人的注意力又都集中在了吴欣身上，纷纷夸赞她，还送了礼物，而吴可却被完全忽略了。小小的她第一次深刻地体会到了失落和孤独的滋味。

然而，两人的比较并没有随着长大而消失。工作后，长辈们开始称赞吴欣工作出色，薪酬不菲，为人处世游刃有余；而吴可在大家眼里则变得中规中矩，和人相处也不懂得变通。更令吴可感到痛苦的是，她自己也在不自觉地与堂姐进行着比较。就连穿件新衣服，她都会想，吴欣穿起来可能比自己更有气质。吴可悲哀地发现，自己越和吴欣比较，就越没自信。

没过多久，吴欣升职了，还找到一个英俊帅气的男朋友，她的成功让吴可的父母非常道羡慕，同时也让他们对自己的女儿失望至极。吴可感到很羞愧，在她看来，正是因为自己的原因让父母抬不起头来。渐渐地，吴可不再愿意参加两家的家庭聚会，对在家里谈论自己的工作和感情很排斥。她觉得自己很无能，什么事都做不好，简直就是一个废物。她的情绪低落到了极点。

吴可的这种状况在于她太在乎外界的评价，自我认同感太差。而造成这种结果的最大责任者是她的父母。父母从小就给吴可建立了对比参考的标准——吴欣，并在不断地对比中打击了吴可的自信，从而使得“在意别人的看法”内化为吴可的一个“基本习惯”与“核心信念”。

从心理学的角度来说，个体在衡量社会性事务时，往往会选择一个考虑问题的视野或角度,这被称为参考构架。我们正是透过这个参考构架来进行社会比较，而社会比较所选择的对象在很大程度上决定了我们所产生的心理感受。如果比较的对象群体是个体生存环境中无法克服的异己并且是优越的群体，那个体的自尊与自信便受到挫伤。就像吴可，她所面对的参考对象是比自己优秀的吴欣，所以她受到了伤害。而且这种伤害是一个持续多年的过程，这就更加重了她的焦虑、不安和恐惧。

所以，我们要敢于做自己，不要让自己陷入焦虑痛苦的旋涡中无法自拔。当然，要做到这些，我们必须要弄清楚自己在意外界评价的原因，并采取恰当的措施予以干预。过度在意外界评价的原因主要有以下 6 点。

一、害怕与别人冲突

为什么会在意？其主要原因有两个：一个是爱，因为爱，所以在意；另一个是害怕，害怕和别人起冲突，害怕别人对自己发火，害怕别人冷落自己，害怕别人对自己使用暴力，害怕别人抛弃自己，正因为有这么多的害怕，所以才会很在意，以避免引起这些不好的事情。

二、太自卑

自卑的人会过度在意别人对自己的评价和看法。而且，越自卑越在意，越在意越自卑，最终走入恶性循环之中。

三、太敏感

敏感意味着一个人的心理承受能力差，多愁善感，容易受伤，容易多想。正因如此，他们才会对外界的评价和看法做出过度的反应。

四、总拿自己与别人对比

不管一个人变得多强大，变得多好，这个世界上总会存在着更强大、更好的人。这也就意味着我们总会有不如人的地方，我们总是会受到挫败。所以，只要我们将自己和别人对比，就必然会对自己造成伤害。

所以，从一开始我们就要意识到自己完全没必要去和别人比。只要放弃了对比，就没有了痛苦。

五、不能接纳自我

当一个人不能够接纳自我的时候，其内心是空洞无物的，也就无法从内部获得支撑，而不得不从外界寻求认同和力量。所以，我们应该学会接纳自己。

六、试图成为别人

不做自己，而以别人为模板和目标，这样的人一辈子只能是为了外界的评判标准而活。其实，人都有一个理想自我。理想自我与现实自我之间的差距，是导致神经症问题产生的根本原因。所以，我们应该做好自己，正视现实自我，果断抛弃理想自我化身的“别人”。

当你不再为以上 6 点而活时，你会发现自己变得轻松自在了许多，而你也成了那个独一无二的自己。

改变自己的“标签思维”

什么是“标签思维”？我们来看一下下面的事例：

刚入学的时候，看着对面床上戴着眼镜、其貌不扬、沉默寡言的南方小伙子，你可能认为这位室友是一个很“文静”的孩子；

因为你的两次恋爱都失败了，很受伤，于是你可能会偏激地认为异性没一个好东西，都是大骗子；

你的新同事因为堵车第一天上班迟到了，于是你就认为这是一个散漫的人；

……

这些都是标签思维在发挥作用。标签思维是指对所有经历或看到的人、事物的思维固化判断。这种思维的局限性在于，轻率地根据某个人的群体身份而下定论，导致认知与现实产生偏差。我们在这里重点讨论标签思维的局限性。

当我们给别人贴标签的时候，往往会因此而产生不该有的矛盾。比如在职场中，老板会给看着不顺眼的员工贴上“不称职的笨蛋”的标签，并且会憎恨他，不时地跳出来指责他。反过来，员工也会把老板称为“为富不仁的吸血鬼”，贴上“坏老板”的标签，而且一有机会就大肆抱怨。长此以往，他们的关系就会变得非常糟糕，双方因此处于焦虑和愤怒之中。其实，员工还是很优秀的，老板也是很不错的。

除了给别人贴标签，有些人还常常给自己贴标签。为自己贴标签意味着我们基于个人所犯的错误为自己创造了一个完全消极的自我形象。其背后的哲学是“衡量一个人的标准就是看他所犯的错误”。当我们用“我是一个……”这样的句式来描述自己的错误时，我们就有了绝好的为自己贴标签的机会。比如，当我们投资一只股票亏钱时，我们就会想“我是一个失败者”而不是“我投资错了”。这样就很容易让自己陷入焦虑的困境之中。

晨怡上高一的时候，她的班主任要求学生们都要在晨读时轮流上台演讲。结果轮到她时，她却站在讲台上涨红了脸，一句话也说不出来。

几年之后，班里同学聚会，晨怡居然主动当起了主持人。好奇之下，同学们问了她有如此大的改变的原因。

她说：“我一直以为自己是一个内向的女生。直到上了大学，参加了社团后我才发现，我只是不会跟同学们相处罢了。从那以后，我越来越觉得自己其实是一个外向的女生。”

标签的作用还是很大的！假如这个女孩一直都给自己贴着内向的标签，那么她可能真的会内向一辈子，永远也无法感受到与人相处的快乐。

贴标签往往会形成一种心理暗示，而一些消极的暗示会给人的情绪和身心健康造成很大的伤害。

上小学四年级的小明最近感到非常焦虑：为什么自己努力学习、认真做作业，可成绩还是这么差呢？

小明不由自主地想起了有些人说的话。

“这都做不好，我们怎么生了你这么个笨儿子！”

“小明，你怎么搞的，这么简单的题也能算错？”

“小明，你那么笨，让你妈妈给你炖点营养汤补补脑吧！哈哈！”

“也许我真的很笨。”小明的情绪低落到了极点。

“爸爸，我不想上学了，我的智力肯定有问题，否则我的成绩不会这么差！”小明边说边哭了起来。

看着小明如此难过，爸爸忙安慰道：“小明，智力有没有问题不是你说了算，明天我带你去医院做个测试，让专家来判断吧！”

第二天，小明在爸爸的陪同下来到专家门诊。经过测试，专家认为小明不但不是“弱智”，而且智商颇高。

小明的问题关键在于他被别人贴上了“弱智”的标签的同时，他也给自己贴上了这种标签。在双重“弱智”的心理暗示下，他完全失去了自信心和学习兴趣，从而陷入学习不断退步的怪圈。可以说，是标签思维害了他。

我们要明白，虽然每个人都可以拥有自己的看法，但如果以单一的角度、僵化的思维去评价，让我们的想法代替事实，那么就会造成某种偏见，从而影响我们的情绪和行为方式。所以，我们要努力改变自己的标签思维，建立理性思维，全面看待问题，而不要乱贴标签。

把欲望关进合理的笼子

我想在工作中出人头地，能够名利双收。

我想住更大更好的房子。

我想悠闲地活着，每年都能出去好好地玩一个月。

我想拥有一辆心仪已久的SUV，在高速上肆意奔驰。

我想快意地写作，不受任何生活琐事的影响。

我想弹一手娴熟的吉他，打一杆漂亮的台球。

……

现在，我觉得压力很大，因为我的欲望太多，所以才会每天焦虑，才会感受到压力。这些欲望已经压得我喘不过气来了。

这是一位男士的心声。“生死根本，欲为第一。”欲望是人性的组成部分，是人类与生俱来的一种本能。欲望无善恶之分，关键在于如何控制。如果无法把欲望控制在合理的范围内，让欲望无限膨胀，那么你一定会像这位男士一样感到痛苦、焦虑。

在现实生活中，许多人的焦虑来自于欲望太多，什么都想要。

史密斯是一家著名企业的高级经理，享有丰厚的薪资待遇。当然，他的工作也是异常繁忙。

他在纽约市中心贷款买了一套高级公寓，还买了一辆全新的奔驰轿车。

为了支付高额的房贷，史密斯不得不拼命地工作，这令他每天都处于焦虑之中。

每天早晨是史密斯最痛苦的时刻，他多想再休息一会儿，哪怕是10分钟也好，可这是奢望，因为还有众多的事务在等着他来完成。他只能拖着疲惫的身体赶到办公室，强打起精神开始一天的工作。

史密斯并不喜欢现在的工作，整天要面对客户、合同、谈判、开会，而且要不停地加班。在他的内心深处，画画才是自己最喜欢干的事。找一个风景优美的地方，背上画板，拿着画笔，静静地描绘，是件多么美好的事情啊！可是一想到要放弃现在的工作，豪车、豪宅就成了泡影，上高档餐厅就成了奢望，名牌服装也会与自己无缘，他很不甘心。

为了享受更多，拥有更多，史密斯仍然在焦虑的旋涡中奋力地挣扎着。

史密斯的焦虑不安，是因为他有着太多的欲望。为了享受豪宅、豪车、美餐和名牌服装，他不得不被一个自己不喜欢的高收入工作所捆绑。在现实生活中，像史密斯这样的情况并不少见，无论在国内，还是国外。这些人中只有极少一部分对自己的现状感到满意，绝大多数人或多或少地处在焦虑的状态之中。他们很矛盾，一边享受生活，一边接受生活的虐待，在焦虑不堪中“痛并快乐着”。

有这样一则寓言故事：

曾经有个人非常想拥有一块自己的土地，于是他就去请求上帝，希望上帝赐予他土地。上帝就对他说："清早，你从这里往外跑，跑一段就插一个旗杆，只要你在太阳落山前赶回来，插上旗杆的地都归你。"第二天一早，那个人就开始不要命地跑，眼看着太阳已经偏西了，他还在拼命地插旗杆。终于赶在太阳落山前他跑回来了。此时的他已经精疲力竭了，摔个跟头就再没起来。于是，有人挖了个坑，把他埋了。牧师给这个人做祈祷时说："一个人要多少土地呢？就这么大。"

我们不要过度地追求那些身外之物。人的欲望是无止境的，在纷繁复杂的现实生活中，懂得知足的人才会过得幸福、快乐。

我们必须学会控制自己的欲望，把欲望关进合理的笼子里。这是我们缓解焦虑、获得轻松快乐的好方法。

一、不要设置自己能力之外的目标

如果设置的目标或者标准太高，自己的能力根本就实现不了或者达不到，即使通过很大的努力也不行,那么就会产生"根本得不到"与"非常想得到"的矛盾，给自己带来焦虑。

二、杜绝攀比心理

攀比是导致焦虑的重要原因之一。所以，我们不要轻易与别人比较，尤其是拿自己没有的去与别人所拥有的比。如果非要比，我们就多拿自己的"长处"与他人的"短处"比。如此一来，我们的内心就会逐渐变得平衡，焦虑也就会自然消失。

三、当焦虑产生的时候，我们要提醒自己真正的幸福并非"能得到什么"，而是"现在拥有了什么"

一切寄托在外在物质上的快乐是短暂的，因为任何东西只是我们生活的"搭配"。幸福，是内心生长出的力量，是一件只与自己有关的事，与外物无关。

第十章

冥想，为心灵“排毒”

冥想是祛除焦虑行之有效的好方法。它会让浮躁的心灵静下来，恢复纯净和清澈，找回真正的自我，获得身心的健康。

冥想有哪些好处

生活在这个纷繁复杂的社会中，各种压力和欲望时刻缠绕着我们，让我们焦虑、烦躁、疲惫，我们急需找到心灵的“世外桃源”，而冥想是一种非常好的方法。冥想的目的是为了集中精神、放松心灵，最终达到对自我意识更清晰的掌控和内心深处的平静。通过冥想能缓解内心的压力和紧张，获得内心的平静。可以说，冥想就是对抗科技对我们的生活不断进行干扰的解毒剂。

阿拉克·瓦萨（Alak Vasa）是 Elements Truffles 的创始人。她在高盛和 ITG 担任交易员时就开始练习冥想。她说，冥想可以帮助她控制恐惧和忧虑的情绪，即使面对巨大的压力也不会惊慌失措。“有一次市场暴跌，交易平台上一片恐慌，乱成一团。多亏了平时的冥想练习，我才能保持冷静，设法减轻市场崩溃对公司造成的影响。”

乔纳森·唐（Jonathan Tang）是时尚名牌 VASTRM 的创始人兼 CEO。“9·11 事件”之后，他将冥想引入了公司。他说：“‘9·11 事件’发生之后，我们公司的员工感到很迷茫、很无助。于是我决定找一家冥想培训机构，带领大家静坐 20 分钟。当时会议室里坐满了人，因为大家都觉得需要一种平和的释放方式。静坐结束后，从未体验过冥想的员工的内心变得很宁静。这也让大家更好地投入到工作及家庭生活中去。”

这些实例充分证明，冥想可以降低焦虑水平，提高人们的复原力和抗压力。

冥想不是刻意地想什么，也不是什么也不想。冥想是和自己相处的过程，通过自我观察达到一种和自己和平相处的状态。在冥想的过程中，我们会发现自己的呼吸时快时慢，肩膀由于积累了很多压力而紧绷，脑子里有无数的想法飞来飞去，但这些都没关系，只要默默地观察就可以了。这些好的或者坏的感觉，就好像天上飘来飘去的云或是涨了又退的潮汐，我们需要做的只是坐在旁边看着就好了。这世上没有什么是永恒不变的，情绪同样如此。在我们清醒地觉察和接纳之下，情绪会来也会走。而在此过程中，我们和身体的联结加强了，更少地受控于失控的大脑，心情会更加平静，焦虑自然也会相应地减少了。

具体来说，冥想的好处有以下 5 点。

一、冥想可以减少焦虑

大脑中有一个叫“自我中心”的区域,身体知觉和恐惧中枢的神经与这个“自我中心”的联结非常强。当受到惊吓或存在负面情绪时，这个区域会启动很强的反馈，让我们做出战斗或逃跑反应。通过冥想，这种神经联结可以减弱。当再次经历可怕的事情或者心神不安时，我们就能够更加理性地应对。

二、冥想可以增强注意力、认知能力和执行能力

冥想可以增加大脑皮层的厚度，尤其是在有关注意力和知觉的区域，这种皮层增长主要是增强神经元之间的连接以及支撑细胞数量及血管增长。这对增强我们的注意力、认知能力和执行力都非常有益。

三、冥想可以提升记忆力

奥谢尔中心与马缇诺生物成像研究中心发现，练习专注冥想的人在受到焦虑、分心等干扰时，能够更快速地调整自己的脑波，提升效能。这种快速调整分心干扰的能力，解释了冥想者卓越的快速记忆能力和认知整合能力。

四、冥想有助于提高人体免疫系统能力

冥想者在长时间冥想的时候，大脑左前额皮层活动达到峰值，该区域活动通常伴随着正面情绪的产生。

五、冥想可以增加更多脑灰质

脑灰质会带来更多的积极情绪，更持久的情绪稳定状态以及更高的专注力。另外，衰老会降低脑灰质水平与认知功能水平，冥想被证实能减弱这种效应。

冥想对我们的帮助很大。最初我们必须在一个安静的地方进行。如果到了一定的境界，我们可以在任何时间、任何地方进行冥想，无论周围多么喧哗吵闹，我们都可以获得自我的平和与宁静。

静坐冥想

静坐是冥想最基础，也是最简单的方法。其目的是清除内心的杂念，梳理情绪，使内心获得平静，从而达到身心的和谐。

美国心理学家理查德·戴维森（Richard Davidson）把静坐冥想定义为一种教化正向人格特质的心灵修养活动，例如清晰稳定的心境、平稳的情绪、带着关怀的正念或者爱与慈悲心。

1974年前后，理查德·戴维森和他当时的女友（后来的妻子）苏珊来到印度北部的一个山区进行禅修。他们在此修行了两个星期，在沉默中关注自己的思想和感情。从那时起，他便养成了静坐冥想的习惯。

之后，戴维森回到哈佛大学继续研究，尽管他亲眼看见了通过练习重塑心灵的过程，但是仍然花了几年时间才把这一领域变成一个合法的研究课题。

戴维森经过全球范围的测试发现，大脑前额皮质右额叶的活动更多地与消极情绪有关，而左额叶的活动更多地与快乐和热情有关。左额叶持续频繁活动的人通常会产生较少的消极情绪，也能很快地从消极情绪中恢复。而长期进行静坐冥想练习的人左额叶活动更频繁，而右额叶活动不频繁。也就是说，静坐冥想能消除消极情绪，产生快乐和热情等积极的情绪。

我们要想练习静坐冥想需要做好以下 4 点。

一、做好静坐前的准备工作

找一间私密性较好、安静通风的房间，比如自己的卧室。

预留出时间，不要在这一时间段内受到打扰。

二、掌握静坐时的姿势

静坐时双腿必须盘起来。初学盘腿的时候，可能会有麻木或酸痛之感，但你必须忍耐。练习一段时间后，自然就会好起来。当麻木到不能忍受时，可将两腿上下交换，如果还不能忍受，那么可暂时将腿放下来，等麻木消失后再继续盘腿。

静坐时胸部可微微前倾，使心窝降下，所谓心窝降下，就是使横膈膜松弛。我们初学静坐时，常会觉得胸膈闭塞不舒，这说明心窝没有下降。

静坐时臀部宜向后稍稍凸出，使脊骨不曲。但不必有意用力外凸，可依循自然的姿势。

静坐时两手仰掌，以左掌安放在右掌上面，两拇指头相拄，安放在脐下跏趺之上。

静坐时头颈要正直，但须自然不可故意挺直，眼睛要轻闭或者微张，口要闭合，舌抵上颚。

三、静坐时的呼吸技巧

在静坐的过程中，调节呼吸非常重要。一般来说，呼吸有以下两种方式：

第一种方式叫作自然呼吸，也叫作腹式呼吸，因为在呼吸时，一呼一吸，必须都能达到下腹部。

呼气时，脐下腹部收缩，横膈膜向上，胸部紧窄，肺底浊气可以挤出。

吸气时，从鼻中徐徐吸入新鲜空气，充满肺部，横膈膜向下，腹部外凸。

呼气吸气，均使自然，渐渐细长，达于下腹。

呼吸渐渐静细，出入很微，反复练习，久之自己不知不觉，好像无呼吸的状态。

第二种方式叫作逆呼吸。这一方法，主张呼吸宜细长，宜达于腹部以及使横膈膜上下运动等，都与自然法没有两样。不过呼吸时腹部的张缩，与自然呼吸完全相反，所以叫作逆呼吸。

呼气宜缓而长，脐下气满，腹部膨胀，胸部空松，横膈膜弛缓。

吸气宜深而长，空气满胸，胸部膨胀，这时脐下腹部收缩。

肺部气满下压，腹部收缩上抵，这时横膈膜上下受压逼，运动更为灵敏。

在静坐时，呼气及吸气，宜极静细，以自己也不闻其声为宜。

不管采用哪一种呼吸方式都可以，关键是要数息。数息就是在坐定以后，默数自己的呼吸。一呼一吸叫一息。

数息的计算方式为：在入息时数一，出息不计数，再入息数二；或在出息时数一，入息不计数，再出息数二。这样数至十，然后再从一数起，渐渐纯熟以后，可数至一百为一个单位。假如没有数到十或一百，而中途心起杂念，那就要重新从一数起，这样循环安详地徐徐而数，久久便可纯熟。

数息纯熟之后，心念也渐入渐细，这时便可进一步放弃数息，而用随息的方法，就是不再计数。

四、静坐时想些什么

在静坐的过程中，对思想的调节和控制有两种方法：系心一处法和返照内观法。

1. 系心一处法

刚开始学静坐的时候，最易发生两种现象：一是心中浮散，胡思乱想；二是静坐稍久，妄念较少时，心中昏沉，容易瞌睡。

对于第一种现象，我们可以采用把意念集中在肚脐的方法。这样可以防止意识散乱浮动，胡思乱想。

对于第二种现象，我们可以采用把意念集中到鼻端的方法。使心念向上，可以振作精神，有助于调息。

2. 返照内观法

返照内观法也叫内视术。平时，我们的两目都注视外物，而当静坐时，我们可先放下身心一切万缘，将两目合闭，来向内细细地观看自己的念头。对于这些念头，我们既不要去攀缘它，也不要去驱逐它，只是耐心地静静观看就可以了。时间一长，这些念头便会慢慢地消失。这样念念生起，念念消失，便得念念空净，让内心达到真正的平静和谐。

当然，静坐冥想需要一个坚持的过程，不可能立马见效。通常刚开始时会有些困难，只要度过初期的不适，就会慢慢地养成习惯，最终让我们受益匪浅。

正念冥想

正念冥想是冥想途径之一。

我们先来看一下下面这段完整的正念冥想引导词：

大家尽可能舒服地坐在座位上。

后背挺直，如果背靠着椅子更舒服的话，那就靠着吧。

把脖子尽量伸长。

上半身形成一条直线，把脚尽量舒服地放在地板上，如果觉得交叉着腿不舒服，就把腿放下来。

可以把你的手放在腿上，也可以合起来，只要你觉得舒服就行。

如果你觉得闭上眼睛舒服就闭上。

不管你的注意力在哪里，都把它集中在你的呼吸上。

深深地吸进腹部，然后慢慢地轻轻地呼出来。

深吸一口气，慢慢地轻轻地呼出来。

重复几次。

如果你的精神分散了，慢慢把它集中回呼吸和练习上来。

一边呼吸一边转移你的注意力，转移到你的身体上，你的脚、小腿、大腿、手腕、腹部、背部。

扫描你的全身，你的胸膛、脖子、头。

找出你身体觉得微微紧张的地方，比其他部位更紧张的地方，没有其他部位那么放松的地方，不管是哪个身体部位，把你的注意力转移到上面。

观察不适，观察这股紧张感，

观察它，接受它。

继续一边深呼吸，一边观察这个身体部位，看看这多么有趣。

你哪个部位有这样的感觉，每呼吸一次就接受它。

你的感觉，没有对错之分，这只是一种感觉。

继续深呼吸，吸进那个部位，再从那个部位呼出来。

只需观察它，接受它，与它同在，继续与你那个身体部位同在。

一边呼吸，一边感受这种感觉，不管是什么感觉，感受它。

然后轻轻地把注意力从那个部位移开，轻轻地，

因为你已经接受它了。

你要回到呼吸上来，用你的呼吸洗涤整个身体。

从你的灵魂开始，从下到上一直到你的头，每次呼吸，平静加深了，接受加深了，存在加深了，体验、感受这股轻松感，因接受带来的轻松，自然状态下的轻松。

再深吸一口气，慢慢地轻轻地呼出来，吸完下一口气，睁开你的眼睛。

如果你旁边的朋友睡着了，轻轻地推他们一下或者抱他们一下。

从这段引导词中我们会发现，正念冥想的核心就是教导我们无条件地接纳当下，帮我们感知当下所发生的一切，不加以评判。而从脑科学的角度来看，不带有评判的觉察会使我们的焦虑感与恐惧感逐渐减轻，这是因为我们脑中特定的神经联结回路减弱了。

由于正念冥想具有许多优点，所以被越来越多的大公司所采用。

谷歌公司从2007年就为员工推出了12门正念冥想课程。

安泰保险公司（Aetna）在2010年和杜克大学等机构合作推出两个正念冥想管理项目——维尼瑜伽压力缓解与职场正念。

英特尔公司从2012年开始为员工提供“Awake@Intel”正念课程。

这些国际性的大公司都认为，正念冥想可以提高公司职员的抗压力水平，能改善他们的专注力、决策力，提高他们整体的幸福感。

既然正念冥想的优点那么多，而我们也不一定有机会上正念课程，那我们应该怎么办呢？其实，结合上面的引导词，我们也可以自行练习正念冥想。

将手机、电脑等电子设备放在远离我们的地方，并且从脑海中排除这些干扰因素。

找一个安静安全的、让人放松的环境，舒服地坐着。

闭上眼睛，可以从倾听室内的声音开始，慢慢放松。

把注意力集中到自己的呼吸上，深呼吸。

注意力从呼吸蔓延开，延伸到全身的感觉和想法上，寻找哪里让自己不舒服。

仔细观察这种不适，随着呼吸慢慢观察，感受和接纳这些不适的感觉。

当感觉自己可以接纳这种不适后，重新将注意力集中到自己的呼吸，慢慢加深自己的平静，通过呼吸加深自己对不适的接纳。

感觉变轻松后，可以随着呼吸，往外退出自己的感觉，平稳呼吸，睁眼。

正念冥想的用处极多，范围极广。但是在刚开始进行时，其效果往往并不明显——这并不奇怪。人的心理调整不是一蹴而就的，要把原有的心理活动纳入自己所预期的轨道，是需要拥有较强的心理约束力的，也是需要的一定时间的。

烛光冥想

烛光冥想属于“凝视一点法”，是一种比较传统的冥想法。它通过凝视烛光并在脑海里捕捉火焰的影像，逐渐进入冥想状态。常练习这种方法可以平衡脑电波，并调节副交感神经，让人放下心中的杂念，感受当下的内在平静，从而缓解心中的焦虑和压力，使心灵更为平静，精神更为饱满，自信心更为强大。同时，这种冥想法还可以有效地缓解视力疲劳，改善视力缺陷。

下面，我们具体来讲述一下烛光冥想的练习方法。

一、前期准备

尽量选择光线比较暗的练习场所。

准备一根蜡烛。

做一些体式动作及眼部练习。

将蜡烛放置在鼻子的高度，比视平线略低一些的地方。

二、练习步骤

我们可以采取一个最舒适的坐姿盘坐在垫子上，闭上眼睛，开始静坐、调息（3~5 分钟）。

睁开眼睛，开始从 4 个方向转动眼珠，让眼睛活动起来：向上关注眉心，向下关注鼻尖，向左关注左眼眶，向右关注右眼眶（每个方向要保持 5~8 个呼吸）。

然后再闭上眼睛，让眼珠朝顺时针方向转动，再朝逆时针方向转动（从慢到快，再到慢）。

接着轻轻地搓热手掌，然后将手掌心放在眼睛上（注意不要贴着眼睛），感觉到热热的，很温暖……

一会儿后轻轻地睁开眼睛，视线由上向前移动到烛光上，开始凝视整个烛光3~5分钟。凝视时眼睛不要过于用力，不要眨眼。凝视到眼泪流出来时轻轻地闭上眼睛，在眉心处继续观想。

一会儿后轻轻地睁开眼睛，视线由上向前移动到烛光上，开始凝视烛光中最亮的一处，达到专注后保持3~5分钟。在凝视的过程中尽量不要眨眼，眨眼会让眼腺无法开启，直到酸胀时闭上眼睛或者流泪后闭上眼睛，观想烛光在眉心处。

一会儿后轻轻地睁开眼睛，视线由上向前移动到烛光上，开始凝视烛光的最顶端，感受烛光的无常变化，这些都与我们的内心是一样的，接受、臣服，3~5分钟。

然后闭上眼睛，在眉心处继续观想。

一会儿后轻轻地睁开眼睛，视线由上向前移动到烛光上，开始凝视烛光中最里面的蓝色光圈3~5分钟，这个光圈要达到专注的程度才能看到。

然后轻轻地闭上眼睛，在眉心处继续观想。

一会儿后轻轻地睁开眼睛，视线由上向前移动到烛光上，开始凝视烛光周围金黄色的光芒3~5分钟，每次吸气将这股金黄色的光芒带到你的心轮，开启心的慈悲，温暖、光明会进入你的心轮。

然后闭上眼睛，在心轮处继续观想。

一会儿后轻轻地睁开眼睛，视线由上向前移动到烛光上，开始凝视整个烛光3~5分钟，这时我们能感觉到烛光就是自己，自己就是烛光。

然后闭上眼睛，观想烛光周围金黄色的能量包围着自己，自己在当下，由内向外散发出金黄色的光芒。

最后松开双腿，侧向一边躺下来，全身放松。

放松一会儿后，起身吹灭蜡烛，练习结束。

三、注意事项

在练习的过程中，你可以戴框架眼镜，但不能戴隐形眼镜。因为练习中流泪会让隐形眼镜移动，刺激角膜；做过眼部手术的人（如近视眼手术）最好先咨询一下医生。

冥想时距离烛光 1 米 ~1.5 米，如果觉得眼睛不会很快流泪，可以坐得近一点儿，但是要确保在 1 米 ~1.5 米。凝视烛光时最好不要眨眼睛，要忍耐住刺痛，眼泪就会流下来，此时注意不要快速地眨眼。

练习者可能会有流泪或眼睛酸胀的感觉，这是正常现象。如果感觉非常难受且的确无法集中精神，练习者可以选择其他冥想方法。

在练习过程中，不要用手去碰触眼睛，此时的眼睛非常敏感，让眼泪自然流下来即可。

患有抑郁症的人不可以进行烛光冥想练习。

瑜伽冥想

瑜伽冥想就是指运用瑜伽姿势，结合呼吸调节，让心情彻底放松，将注意力集中在某一特定对象上进行冥想的方法。

一、瑜伽冥想的作用

瑜伽冥想可以增强身体的能量，可以加快身体的新陈代谢，能很好地去除体内的废气；有利于修复体形，调理养颜；有利于从内到外调理身心，使人内心平静，从而修炼出优雅的气质。

瑜伽冥想可以增强身体的力量和肌体的弹性，可以很好地平衡体内的激素，使人变得开朗，充满正能量。瑜伽冥想可以有效地预防多种疾病，非常适合办公室的人练习。瑜伽冥想可以很好地缓解工作压力。它可以调节人体的内分泌，对于各种妇科疾病有一定的治疗作用。

瑜伽冥想可以很好地修身养性，适合长期练习。它可以让人忘记不开心的事情，获得高雅的情操和能量。它还可以很好地改善人的血液循环，调节人的心情。

瑜伽冥想能消除紧张和工作疲劳。它可以矫正不正确的坐姿，有很好的修复身材的作用。它还可以很好地调节呼吸，消除一天的疲劳感。

瑜伽冥想能增强人的注意力。注意力对人非常重要，如果做事情总是无法集中注意力，那是非常糟糕的。瑜伽冥想是一种通过冥想和宇宙沟通的瑜伽，它可以让人与宇宙更加接近。练习瑜伽冥想可以很好地调节心情，使人变得开朗。

发掘内在潜能。很多人以为瑜伽冥想很神秘，其实冥想的状态和人熟睡的时候有几分相似，都是在安宁的状态下，在寻找自我、还原自我中获得内心的平静，从而发现身体深处巨大的力量，只不过后者是在睡眠中，人们无意识地忘记了自我，而前者是在清醒的状态下。

二、如何练习瑜伽冥想

在开始练习瑜伽冥想之前，我们首先要选一个瑜伽坐姿。瑜伽姿势能挤压并按摩内脏器官，使它们发挥出最佳的功能，还能调节荷尔蒙的释放，对情绪、心态、新陈代谢、免疫功能以及生殖系统都有着强大的影响。

瑜伽坐姿比较多，比如全莲花座、半莲花坐、至善坐、吉祥坐、简易坐、金刚坐等。刚开始练习瑜伽坐姿时，如果勉强坐得太久，很容易因为身体酸麻胀痛而对瑜伽坐姿练习产生退却之心，所以最初练习以“短时多次”为宜，慢慢地，你就能享受到打坐的乐趣了。练习瑜伽坐姿时，要保持腰背挺直，下颌内收，使头部、颈部和脊椎保持在一条直线上。此外，在练习全莲花坐时，注意膝盖不要上浮。

选好坐姿后，可以尝试先做 5 分钟的深呼吸，然后再让呼吸平稳下来，建立一个有节奏的呼吸结构，吸气 3 秒，然后呼气 3 秒。

如果意识开始游离不定，就把它轻轻地引回来。既不要强行集中注意力，也不要让意识毫无控制地东游西荡。安静下来之后，再让意识停留在一个固定的目标上面，可以在眉心或者心脏的位置。

利用自己选择的冥想技巧进入冥想的状态。在冥想中，我们要清晰地体验模糊不清的情绪，包括积极正面的情绪和消极负面的情绪，仔细回顾负面情绪产生的全过程，在哪个环节上做出了不符合事实的判断，或是回想快乐的时光、甜蜜的时刻等。

冥想大约 15 分钟后，要调整呼吸，通过丹田运气来调节，从而排出体内的浊气。这时，整个人就会处于昏昏欲睡的状态，全身心就会放松了，静静地享受这份难得的宁静和轻松。

瑜伽冥想是一种需要静下心来的运动。现在很多人开始学习瑜伽，很多人通过瑜伽冥想获得了正能量。同时，在练习瑜伽的时候，最好能有专业的老师进行指导。而且，在练习的时候一定要注意，所有的动作都需要量力而行，适可而止，不能勉强。

愿景冥想

愿景，就是指所向往的前景。它是人们生活中非常重要的精神支柱。正因为有愿景的存在，人们才愿意不断地付出努力，不停地坚持下去。比如，若不是心中有个“温馨的家”的愿景，或许没有人会愿意背负着沉重的债务去贷款买房；如果心中不是有个“孩子一定会功成名就”的愿景，父母们大概不会拼命地工作为孩子积攒高昂的学费。

愿景冥想就是把愿景引入冥想中的一种方法。它是指借助人的想象力，在脑海中构建美好的愿景，以此来激发生命的能量，并实现内心的安宁和谐。在生活和工作中，我们经常做这样的冥想，会极大地增强自己的自信心，给予自己极大的力量，从而从根本上消除自卑、沮丧、气馁、灰心等负面情绪。

在进行愿景冥想之前，我们首先要明确自己的愿景，要达到怎样的效果。比如，我们现在只是一个公司的普通员工，我们的愿景是5年后成为公司经理，年薪达到60万元。根据这样的愿景，我们便可以展开想象：那时的我们已经当上了经理，受到下属的尊重和敬仰，带领下属创造更大的业绩。拥有高额的年薪，给予父母、爱人和孩子美好的生活，让他们住进宽敞明亮的大房子，带领他们去度假旅游……我们尽可能去想象，让这个画面更清晰一些，甚至让里面的每个人都有清晰的形象。我们可以随便想象，尽量避开任何会造成压力或困难的阻力，尽量想象正面而积极的场景。

当我们确定好明确的愿景后，就可以进行愿景冥想，把愿景带入冥想之中。通常情况下，进行愿景冥想都是因为我们在工作生活中遇到了挫折或者困难，情绪低落，痛苦或者焦虑，需要自我激励。

我们可依据以下步骤来进行愿景冥想（全程30分钟）。

一、选择时间、地点和姿势

时间选择：选择一个不是很累很困的时间，以免睡着了，并保证至少有半小时不会被打扰。

地点选择：安静的地方，在床、沙发或椅子上。

姿势选择：可以坐着或躺着，坐的好处是不容易睡着。不管是哪种姿势，避免两腿交叉，尽量保持舒适的状态。

二、呼吸诱导

在做好上述准备后,就可以开始诱导了。简单的可用呼吸诱导。均匀地呼气，吸气，采用腹式呼吸（吸气时鼓肚子，呼气时瘪肚子）感觉气流穿过全身。我们平常用的一般是胸式呼吸，呼吸较浅。用腹式呼吸能加深气体的交流，并有很好的镇定安神的作用。

诱导阶段也可放些轻音乐或点一些香薰，这些可按个人的习惯和条件而定。

三、愿景想象

这是最为关键的一步。当我们通过呼吸诱导进入状态以后，就要把愿景引入冥想。

首先要相信设定的愿景已经发生，并感受当下。

先将自己置于我们所希望的环境中，如果我们只是想要自己变得更幸福，可以想象自己处在最惬意的小环境中；

如果想要拥有一座别墅，可以想象自己已经住进别墅，巡查别墅的每一个角落，感受在里面生活的愉悦；

……

如果没有其他想法，我们可以想象自己在春天的早晨，在绿色的草坪上，脚踩上草坪时，从脚下传来舒服的柔软，一阵春风吹过，能闻到茉莉花的香味，还夹杂着淡淡的草香。周围偶尔飞来几只蝴蝶和小鸟，远处还传来小鸟的叫声……

我们要从头到脚去体会：用眼睛看，用耳朵听，用手摸，用心感受。我们要不断地在脑海中重现场景并确信其存在，使自己越来越相信它的真实性。我们要全身心地沉浸在愿景中，充分地享受其中的美好。

四、结束冥想

可以通过自我唤醒的方式，动动手指或脚趾，慢慢地一个器官一个器官地去唤醒全身。当我们清醒过来之后，愿景冥想就结束了。

在冥想的时候，我们要让愿景形象化、清晰化，并且深深地记在大脑中，然后，回到现实中来，能够随时拿出来激励自己。

意义冥想

意义冥想，说得通俗一点，就是深深地、细细地思考做某件事的意义所在。

许多人在工作的初期都是有理想、有目标、有追求的。虽然未来的道路很漫长，但我们有明确的方向，也有了十足的工作动力。随着时间的增长，当我们梦寐以求的东西陆续到手的时候，就会突然感觉前面的道路变得迷茫了，不知道自己今后的工作和生活是为了什么。于是，我们只是机械地整日整夜地加班、熬夜，把自己搞得身心俱疲、焦虑不安，但始终都搞不明白自己做这一切是为了什么，自己究竟是为什么而活，感觉到自己的生命已经枯竭了。这时，我们就需要进行意义冥想，重新找回生活的意义。

在讲述意义冥想之前，我们先来看一下奥地利著名的精神医学家和心理学家维克多·弗兰克（Viktor E. Frankl）开创的意义治疗法。

意义疗法是一种在治疗策略上着重引导患者寻找和发现生命的意义，帮助消极的人树立明确的生活目标，并最终让他们以积极向上的态度来面对和驾驭生活的心理治疗方法。这种方法可以让人们懂得为什么而活，然后去迎接任何困难，从此走上追求生命意义的人生道路，并从中体验到真正的人生幸福。其实，意义疗法的发明者弗兰克本身就是意义疗法的最大受益者。

第二次世界大战爆发后，身为犹太人的弗兰克拒绝了美国为他签发的移民签证。后来，他被纳粹党送进了集中营。在那段艰苦的岁月中，他失去了父母、兄弟、妻子，只有他的妹妹与他一起活了下来。当时，他一无所有，而且随时都要面临死亡的威胁。他只能在漫长而痛苦的生命长河中苟延残喘。

在那段日子里，弗兰克的心情跌落到了低谷，觉得只有死亡才能使自己获得解脱。就在这个时候，激发了他要开创意义疗法的灵感。他之所以能够活下来，也是因为当时他已经开始思考和总结意义疗法的框架了。

当时，弗兰克在集中营的主要工作就是不停地挖地沟和隧道，辛苦而疲惫，单调而乏味。他经常在寒冷的冬天穿着十分单薄的衣服劳动。当时，他认为自己除了“赤裸裸的生命之外，已经没有任何东西能丧失了”。那时候只有“服从生活的命令”，这样的生活从另一方面又警示了弗兰克，意义的答案不止一个，每个人都需要找到一个特殊的理由活下去。比如，有些人可以为了保持尊严去忍受痛苦，有些人在绝望中还相信生活依旧对他们有所期待，有些人为了亲友的爱而继续活下去……

弗兰克认为，要在像纳粹集中营这样的极端环境下生存，就要具备一种挑战者的精神。这种挑战的精神可以在波兰人和法国人的反抗中发现，许多自由斗士献出了自己的生命。虽然肉身已死，但他们的道义勇气和挑战的精神永存，赋予他人克服苦难的勇气并追寻更美好的未来。他们践行了意志的自由，选择奋起而战而不是做待宰的羔羊，他们发现了值得为之而战、为之而死的东西。在这样做的时候，他们使自己的生命充满了意义。

从集中营回国后，弗兰克有了这样的认识：人在任何情况下，都有选择他们行动的能力。在一切情况下包括在痛苦和面临死亡之时,都能够发现生活的意义。在人的人格动机体系中，起支配地位的是意义与意志，它对人的心理健康起着非常重要的作用。这是意义疗法的核心内容。

弗兰克认为，活得有意义是人生活的基本动力，并具有以下 4 个特征：对自己认为有意义的目标的努力；它是可能完成的，并且是可行的目标或行动；一个人为他人付出得越多,他可能获得的就越多；意义感在人的一生中能够改变或改进。

在工作中，每个人都有机会了解到不同人的人生方向与目标。例如，一个公务员可能投身于救助和照看流浪动物的行动中去，致力于把这个世界变得更好；一个商人，可能在商业方面获得了巨大的成功，但心里却一直藏着成为一个艺术家的梦想。每个人都在用自己的方式，寻找着属于自己的人生意义。

找到人生的意义是人生的一项巨大挑战，同时也是一种最大的满足。而意义疗法就是在人们绝望之时，转变人的观念，让人找到属于自己的生活或生存意义的基本方法。

把弗兰克的意义疗法和冥想结合起来，我们就可以进行意义冥想了。当我们感到生活失去了意义，整天觉得疲惫不堪、浑浑噩噩、无聊焦虑时，就可以做意义冥想。

意义冥想与愿景冥想非常相似，唯一不同的就是内心平静之后想象的内容不一样。意义冥想需要认真想的问题包括以下 3 点。

一、如何看待工作

对一个人来说，也许已经对自己的工作失去了兴趣和新鲜感，甚至开始厌倦和反感，或者已经觉得心力交瘁，疲惫不堪，没有任何成就感。重新思考这些问题，无疑是非常重要的。

其实，从事什么工作并不重要，重要的是如何从事这项工作，对工作持有怎样的态度。只有积极的、有创造性的、有责任感的态度，才能赋予工作以意义。而对有些人来说，工作已经成为填补他们空虚生活与为了生存而不得不为之的手段。若以这样的态度对待工作，那么工作就是苦役，是每日无休止的折磨，没有任何快乐可言。

当我们把工作上升到实现人生价值的高度，就会明白工作对于生存的意义。如此一来，任何工作难题都不太容易给我们造成焦虑和困惑。

二、如何看待爱情

弗兰克将两性之间的关系分为3个层次：生理的、心理的、精神的。这三者分别对应着性、情和爱。

在生活中，很多人只顾爱恋带来的紧张或不相信爱的存在，因而回避一切爱的机会，将两性关系降到较低层次。对于这些人，意义冥想的重点在于学会并乐于接受“九苦一甜的爱”，并学会承担爱情带来的责任。

对于一直单身、没有找到对象的人来说，意义冥想的作用是让其明白爱情的本质不是索取，而是通过付出得到一种幸福的体验。体验爱情的幸福才是爱情的意义所在。

对于失恋者来说，意义冥想的作用是让其懂得获得爱情不是占有对方，而是看着被爱的人幸福。让被爱的人获得幸福，我们的爱才会不受束缚，才能自由飞翔，才会地久天长。

三、如何看待苦难

在苦难中，人们可以得到一个机会去实现最深的意义与最高的价值——态度的价值。因为正视命运所带来的痛苦本身就是一种进取，而且是人所具有的最高层次的精神进取。

苦难可以使人远离冷漠与无聊，使人变得更为积极，从而成长与成熟。当然，只有在痛苦不可避免的时候，忍受痛苦才具有巨大的价值。

从某种意义上来说，当发现一种受难的意义，如牺牲的意义时，受难就不再是受难了。否则，苦难就是实实在在的苦难，忍受也就没有什么意义了。

上面这 3 点囊括了让人焦虑困惑的绝大部分问题，当我们真正想明白了其所包含的内容时，意义冥想的效果才会明显。

第十一章

专业“工具”：让你走出焦虑的系统方法

有时，通过冥想、自我心理调整等方法并不能应对焦虑的挑战，这就需要更加系统专业、更具指导性的方法。释放疗法、音乐疗法、系统脱敏疗法、暴露疗法、森田疗法等都是非常有效的专业“工具”，能帮助你更加彻底地走出焦虑。

释放疗法：大胆地将你的焦虑说出来

倾诉是缓解焦虑的好方法。当我们感到焦虑的时候，不要自己一个人死扛，这样只会让焦虑更加严重。这时最好的方法就是找一个信任的人，大胆地将自己的焦虑说出来。这个人可以是父母、伴侣、亲戚，也可以是朋友、医生、同事。

倾诉，会使我们心灵表层的硬垢慢慢软化、褪掉，会使烦闷浮躁渐渐消失，让我们渐渐变得平静，否则，“心灵结石”郁积得太多，心灵就会不堪重负。心理学家已证明，倾诉可以使人心灵舒畅，可以帮助人们保持健康的心态。

波士顿曾经举行过一个特殊的世界医学会议，这个会议每周一次，参加的病人需预先接受整套的医学检验。其实这是一个心理治疗班，正式名称是应用心理学，主要的目的是帮助忧郁成疾的人摆脱困扰。他们的治疗效果很好，而他们的治疗秘诀就是“痛快地说出来”，让患者尽情地倾诉。

最早发现这个秘诀的人是派拉特医生。1930 年，派拉特医生发现了一个特殊的现象：来医院就诊的有些病人在生理上并没有任何明显的症状，但他们确实被痛苦所折磨。但奇怪的是，经过一系列的医学检查后发现这些人在生理上并无病变。这到底是怎么回事呢？

经过研究分析之后，派拉特医生发现，这些人的病因不在生理上，而在心理上。他们所遭受的痛苦都是自己想象出来的。这其实比生理上的问题更麻烦。告诉这些病人“没事，别担心！回家忘了它吧”对他们是没有任何用的。他们也不愿意胡思乱想，可是他们就是无法控制自己。

发现病因的派拉特医生开始研究如何解决这个问题。于是，他尝试着开了一个心理实验班，让病人把自己的烦恼倾诉出来。“我们的术语叫‘倒垃圾’，你可以到这里来畅谈你的烦恼，直到你彻底不在意它。独自担惊受怕，是造成神经紧张的主要原因。每个人都需要别人来分担忧虑与烦恼。我们需要世界上有人愿意倾听我们的想法并了解我们。”

派拉特医生的尝试非常成功。几年下来，数千名病人都在他这儿痊愈了。

有个女人九年来一直参加实验班的学习。她说第一次来上课的时候，她相信自己肾脏不健康，心脏也不正常。她精神紧张，担忧自己随时可能会失明。现在，她已变成了一个自信开朗、身心健康的女人。对此，她表示：“以前我一直为家人担忧，整日烦躁不安，我甚至差点自杀。但自从在这个心理辅导班上了解到忧虑的可怕结果后，我开始学着不再烦恼。坦白地说，现在我的日子真是好极了。”

通过倾诉来缓解焦虑确实是一个好方法。俗话说：“快乐，有人分享，是更大的快乐；痛苦，有人分担，就可以减轻痛苦。”不愉快的事情隐藏在心里，会增加心理负担。如果找人倾吐烦恼，那么我们的心情就会舒畅许多。

当然，倾诉需要一点勇气。有些人不喜欢倾诉，多是碍于面子，为了自尊，以保持坚强的外表。其实，倾诉不丢人。我们只是把自己最真实的感受说了出来，以获得别人的帮助。无论是谁，都会遇到这种情况，我们只是和大家一样。

如果我们实在不愿意向别人倾诉，那我们可以向自己倾诉。心理学家也说：“当你试着和自己说点什么时，心理上已经产生了一种应激反应，可以中和不良情绪。”“和自己说点事”与“事事都向别人倾诉”相比，前者不会使我们的隐私过分公开，为我们保留了更多私人空间。因此，当我们找不到合适的倾诉对象时，不妨试着和自己说说心里话或者写写日记。

可以说，当我们能大胆地将自己的焦虑说出来时，我们已经在勇敢地直面焦虑，已经为走出焦虑开了一个好头。

音乐疗法：给予心灵轻松的按摩

音乐是我们生活中很重要的一个元素，不同的音乐会使人产生不一样的感觉和情绪。音乐疗法，就是通过音乐所产生的频率和声压，刺激大脑皮层，使之产生兴奋元，达到改善情绪、振奋精神的目的。这种方法可以帮助人们有效地减轻心理压力，降低紧张感，消除焦虑、抑郁、恐惧等不良情绪。音乐疗法是治疗焦虑的重要方法之一。

1972 年，波兰政府根据几位病理学家和音乐学家的建议，设立了第一个“音乐治疗研究所”。不久之后，英、美、日等国有医院也随之采用了音乐治疗的方法。

一、音乐对焦虑的治疗作用

1. 调整心态

患有焦虑症的人大多性格内向，缺乏自信，胆小怕事，遇事犹豫不决。这种人在高度紧张或面对过重的压力时，就会表现出焦虑、恐慌、烦躁、食欲不振等症状。采用音乐治疗法，可以增强他们的自信心，让其对生活充满希望。

2. 改变认知

患有焦虑症的人通常是因为太过注重某些事情，甚至到了偏执的程度，而实际上这些事情并没有他们认为得那么重要。他们的这种认知加重了自己的心理负担，使自己变得易怒、易猜忌。通过音乐疗法，能够逐渐改变他们对事物的看法，确立正确的世界观与价值观。

3. 改善睡眠

很多患焦虑症的人都会有失眠的问题，他们经常会把一些问题带进睡眠中，严重影响了睡眠质量。而音乐疗法可以放松大脑，将杂念驱逐出去，保证他们的睡眠质量。充足的睡眠对缓解焦虑有巨大的作用。

音乐疗法对于焦虑的治疗效果非常明显。当我们在欣赏音乐的时候，其实就是在融入并随着音乐改变自己的心境，就像是进行了一次“消毒”扫描和垃圾清理一样。

不同的音乐会赋予我们不同的环境、氛围和感受。因此，在选择音乐时要根据自己的具体情况来进行，不能太随便。

二、在进行音乐治疗时的注意事项

在听音乐之前，为自己找一把舒适的椅子，坐好、闭眼，全身尽量放松，不要紧张。

选择能够让自己心情获得释放的音乐，假如我们选择的音乐让自己的心情变得更加焦躁，那还不如不要听音乐了，毕竟每个人的需求是不一样的，所以对应的音乐治疗也是不一样的，一定要选择让自己听着舒服的音乐才好。

要坚持听下去，每次差不多15~30分钟，至少持续3个月，直到我们感到自己拥有了强大的意志可以抵御焦虑为止。

系统脱敏疗法：循序渐进的治疗

系统脱敏疗法又被称为交互抑制法，是由美国学者沃尔帕创立和发展起来的。这种方法主要是诱导患者缓慢地暴露出导致焦虑和恐惧的情境，并通过心理的放松状态来对抗这种焦虑情绪，从而逐渐达到消除焦虑或恐惧的目的。这种方法在前面的案例中已经有所涉及，这里我们将详细地展开来讲述一下。

一般来说，系统脱敏疗法分为 3 个步骤：

第一步，放松训练；

第二步，建立焦虑或者恐惧的等级层次；

第三步，进行系统脱敏。

我们通过下面这个案例来具体说明一下系统脱敏疗法。

张小姐是一名在读研究生。从半个月前开始，她出现了失眠、多梦、紧张焦虑等症状。其原因在于，她要参加学术报告会，这是她第一次站在台上面对一百多人用外语演讲。虽然她的学习成绩非常好，但她比较内向、胆子小，而且还有追求完美的倾向，这次演讲让她感到了巨大的压力。她认为自己一定讲不好，因为以前就有过失败的经历。她害怕会被别人耻笑，更担心因此影响到自己的前途。

张小姐向心理医生求助。在了解了张小姐的情况后，心理医生决定采用系统脱敏疗法为其治疗。

第一步，引导张小姐进行放松练习。

张小姐靠在沙发上，全身各部位处于舒适的状态，双臂自然下垂，想象自己处于令人轻松的情绪中，做各部位的放松训练。

放松训练的具体方法：

先深吸一口气，保持一会儿（停 10 秒），再慢慢地将气吐出来（停 5 秒），然后重复一次；

伸出前臂，握紧拳头，用力握紧，体验手上紧张的感觉（停 10 秒），放松双手，尽量体验放松的感觉，可能会感到沉重、轻松、温暖，这些都是放松的感觉，体验这种感觉（停 5 秒）；

弯曲双臂，用力紧绷双臂的肌肉，保持一会儿（停 10 秒），体验双臂肌肉的紧张感（停 10 秒），放松，彻底放松双臂，体验放松后的感觉（停 5 秒）；

伸直双腿，脚趾用力绷紧，保持一会儿（停 10 秒），然后放松双脚（停 5 秒）；

将脚尖用力上翘，脚跟向下向后紧压，绷紧小腿部肌肉，保持一会儿（停 10

秒)，然后彻底放松(停5秒)；

用脚跟向前向下紧压，绷紧大腿肌肉，保持一会儿(停10秒)，然后彻底放松(停5秒)；

皱紧额部肌肉，保持一会儿(停10秒)，彻底放松(停5秒)，紧闭双眼保持一会儿(停10秒)，接着上下左右转动眼球，然后彻底放松(停10秒)；

往后拓展双肩，保持一会儿(停10秒)，然后放松(停5秒)；

上提双肩，尽可能提至双耳，保持一会儿(停10秒)，然后放松(停5秒)；

向内收紧双肩，保持一会儿(停10秒)，然后放松(停5秒)；

抬起双腿，用力上抬，弯曲腰部，保持一会儿(停10秒)，然后放松(停5秒)；

收紧臀部肌肉，会阴部上提，保持一会儿(停10秒)，然后放松(停5秒)。

当感到全身肌肉都放松，有温暖、舒适、愉快的感觉时，就达到了合格的状态。

第二步，为张小姐设置焦虑情景和层次。

自己一个人在去发布会的路上——焦虑等级20分(轻度)；

到达发布会门口看见许多教授、同学也在那里——焦虑等级25分(轻度)；

在会场内看见讲台以及台下坐着的听众——焦虑等级50分(中度)；

会议开始，下一个就是自己演讲了——焦虑等级60分(中度)；

走上讲台环视周围人群——焦虑等级70分(高度)；

打开笔记本电脑开口说出第一句话——焦虑等级80分(高度)。

第三步，为张小姐进行脱敏训练。

张小姐坐在舒适的位置上，保持室内安静，采用上面的方法使全身放松；

开始想象自己构建的焦虑场景，从低级开始想象，每想到一个场景保持30秒，想象要逼真、生动，像演员一样进入角色，不能回避或停止；

如果想象到一个场景确实出现了紧张焦虑的情绪时，停止想象，做放松训练来对抗紧张焦虑；

如果想象时没有感到紧张焦虑则可进行下一级场景的训练，直到张小姐对最高等级的刺激不感到紧张焦虑为止，如出现强烈反应应降级训练。

这种练习每周进行1~2次，每次30分钟。

经过一段时间的训练之后，系统脱敏疗法在张小姐身上起到了良好的效果。

她完全克服了焦虑，在学术报告会上发言思路清晰、语言流畅，偶尔还有即兴发挥。

系统脱敏疗法还有许多变式，其基本原理一样，但具体的方式有所不同。

一、接触脱敏法

这种方法特别适用于特殊物体恐惧症，例如对蛇和蜘蛛的恐惧症。接触脱敏法有两项特殊而关键的步骤：示范和接触。在具体操作时，先让患者观看他人处理引起其恐惧的情境或东西，然后让他一步一步照着做。如果患者害怕的是蜘蛛，那就让他观看别人触摸、拿起和放下蜘蛛的示范，再让他做一些与接近、触摸蜘蛛有关的活动，而后逐渐接近、触摸蜘蛛，直到敢于拿起蜘蛛而无紧张感为止。

二、情绪意向脱敏法

这种方法主要是通过形象化的描述，诱发患者兴奋和欢快的情绪，再用这种积极情绪来对抗由恐怖刺激物引起的焦虑反应。当然，这是一个渐进的过程。比如因失去父母之爱而焦虑的儿童，因夫妻间缺少温存和关怀引起的焦虑症都可使用这个方法。

三、自动化脱敏法

这种方法很适合患者自己操作。具体来说，就是将患者所焦虑的情境（如喧闹嘈杂的声音、拥挤的人群或爬行中的蛇）进行录音、录像，而后利用这些制备好了的录音、录像对病人进行治疗。这种方法的突出优点是：患者可以在家里独立使用，而不必花费治疗者太多的时间；患者可以依自己的情况决定脱敏的速度和进度，这有助于减少脱敏治疗中的一些不良反应；录音和录像中可加入治疗者的指导和有关的治愈范例，从而也可起到指导与示范作用。

在使用系统脱敏法进行治疗时，也要注意以下几个问题：帮助患者树立治疗的信心，要求患者积极配合、坚持治疗；焦虑等级的构建不能跨度太大，要适度；在引起焦虑的刺激出现或者存在时，要求患者不出现回避行为或意向，这一环节对治疗至关重要；每次治疗后，要与患者进行讨论，对正确的行为加以赞扬，以强化患者的适应性行为；如果脱敏效果不好，可考虑改用其他方法，不能强行生搬硬套。

暴露疗法：有些残酷但很有效

暴露疗法所采取的方法与系统脱敏疗法刚好相反。系统脱敏疗法讲究循序渐进，从轻到重，逐步脱敏，最终克服焦虑；而暴露疗法则讲究以毒攻毒，让患者完全置身于焦虑或恐惧的场景中，通过强烈刺激，逐渐耐受并适应。

对一个焦虑的人，如果只是告诉他别焦虑，这是毫无用处的，因为他可能已经对自己说过成百上千次这句话了。有时，告诉他改变想法，他也做不到。因为焦虑的人会问无数个“万一呢”之类的问题。所以，我们必须要有具体可操作的方法，比如暴露疗法。

暴露疗法最早的使用者是一个叫Crafts的内科医生。Crafts在1938年出版的《心理学最新实验》一书中列举了这样一个案例：

有一个年轻妇女，对乘坐和驾驶汽车感到非常恐惧，特别是在通过隧道和桥梁时更加严重。Crafts将这位妇女强行安置在汽车后座上，并将车从她的家里一直开到自己在纽约的诊所，沿途经过了很多桥梁，还经过了一条长长的霍兰德隧道。在行车途中，这位妇女极度惊恐，不断地呕吐、战栗、叫喊。当汽车行驶了80公里之后，这些惊恐反应减弱了。在返回途中，这个妇女几乎没有发生什么不良反应。

虽然采用这种方法取得了不错的效果，但Crafts当时并没有给这一治疗方法命名。直到20世纪60年代初，行为治疗家Mallrdon、London和Stamptfl等人在进行了一系列临床实验之后，才将这种方法命名为“暴露疗法”，也叫“冲击疗法”或“满灌疗法”。

暴露疗法与其他的行为方法一样，都是来自于心理学关于学习的研究。暴露疗法的理论依据与行为主义心理学的恐惧症模式有关。恐惧症最有影响的行为模式是“习得模式”。

这种模式认为，恐惧症是通过条件反射而习得的，病人的恐惧反应是无意识的、非自主的。一种刺激物，由于它与恐惧的心理体验在时间上的多次联系，而逐渐变成恐惧反应的条件性刺激物。此后每当这个刺激物出现时，都会引起恐惧的情绪反应。每当病人感到恐惧时，通常都会做出逃避的行为反应——远远地离开这个令他感到恐惧的刺激物。随着病人与该刺激物间距离的加大，病人的恐惧体验便会逐渐减弱。反过来，恐惧体验的减弱又会强化病人的逃避行为。这种强化被称作“负强化”。从而，就形成了一个恶性循环，其结果是病人对这个刺激物产生了持续而不合理的恐惧，不得不采取回避的行动。为了能事先避开这个刺激物，病人对与其相关的一切事物和提示都变得极为敏感。如广场恐惧症患者，最初可能只对空旷的场所感到恐惧，但最后他害怕一切空间，如怕上街，怕进电梯、礼堂、教室等。

根据恐惧症的习得模式，要治疗恐惧症就必须打破上述的恶性循环。可采用的行为技术之一就是暴露疗法，即让病人直接面对引起他高度焦虑和痛苦的情境、事物或思想，而不允许他逃避。虽然刚开始常常会造成强烈的恐惧反应，但随着暴露时间的延长，恐惧反应只会逐渐减弱。最后，该刺激物同恐惧反应间的联系就会清除，恐惧症便随之被解除。

采用暴露疗法时，必须决定现实的治疗目标，并取得病人的同意。第一次暴露的项目应当是病人容易做到的，以利于帮助病人建立治疗信心。治疗前要告诉病人必须努力配合，暴露于恐怖情境中可能会出现一些不舒适的症状，但不会有任何危害，因此要求他不要有任何回避意向。只要在恐怖情境中坚持停留下去，焦虑感就会减轻。我们来看一下下面这个案例：

有一位男士一年前在公共汽车上出现惊恐发作，感到恶心、心悸、有濒死感。

几次发作之后，他开始回避乘车，步行上班。这位男士的家族没有精神疾病史，而且他的婚姻也非常美满。

对于这位男士的问题，医生采用了暴露疗法。首先，医生与这位男士进行了深入的沟通。经过不断地鼓励和分析，这位男士同意尝试治疗。

医生和这位男士一起走到公共汽车站，为了使最初的暴露方法取得成功，医生同意和他一同乘车。医生提议他坐在车子另一边的座位上，双方约定不得相互接触，除非紧急情况发生，但医生会始终跟着他，不会将他单独留在车上。两小时后，两人下车。休息时，他们一边喝茶一边讨论道：

男士："一半的时间里我感到胃部难受，我真想跳下车，但我觉得您坐在后面，我不能这样。"

医生："您对付焦虑不安的感觉确实做得不错。您用行动向自己表明，您能够战胜它。如果您在焦虑时能忍耐住不舒服的感觉，焦虑症状实际上就会迅速减轻。如果您当时真的跳下车，现在您会觉得怎么样呢？"

第2次治疗时，医生鼓励男士单独乘车1~2小时。虽然是单独乘车，但这位男士显然能够应付，焦虑程度比前一次轻了。医生对他的成功大加赞扬，并告诉他，下次重复训练能进一步缓解病情。

事实确实如此。经过4次暴露疗法之后，这位男士的病情已有显著好转。

从严格意义上来说，暴露疗法还可以划分得更细，分为现实暴露疗法和想象暴露疗法。比如上面案例中对那位男士的治疗，就是在现实情境中进行的。而想象暴露疗法就是让患者通过回忆再次回到痛苦的场景中。这时，曾经以图片、声音、味道等形式存在的片段的记忆会在患者大脑中被再次激活。通过长时间的停留，让大脑有足够的时间对那些片段的记忆进行处理，进而对痛苦的记忆场景有一个全面的认识，能够分辨出哪些是现实的危险，哪些是想象的危险。最终，我们的身体和情绪的反应在这个过程中得到了梳理，思维和记忆也得到了重新修正，从而帮助我们放下恐惧和伤痛。

需要注意的是，无论采用什么样的暴露疗法，通常都要在专业人士的指导下进行，而且很多情况下需要服用一定的药物来辅助治疗。

森田疗法：顺其自然，为所当为

森田疗法是20世纪20年代日本东京慈惠会医科大学森田正马教授创立的，这是一种基于东方文化背景的、独特的、自成体系的心理治疗理论与方法。当时，该疗法取名为“特殊疗法”。森田正马教授病逝后，他的学生将更命名为“森田疗法”。这种方法对焦虑症有显著疗效。

森田疗法的精髓就是“顺其自然，为所当为”。森田认为，当焦虑症状出现时，越想努力克服症状，越会使自己内心冲突加重，苦恼更甚，症状就越顽固。所以当症状出现时，对其应采取不在乎的态度，顺其自然，既来之则安之，接受症状，不把其视为特殊问题，以平常心对待。因为对于由不得自己的事情，即使着急也无济于事，只能面对现实、接受现实。就像天气一样，不管其好坏，都应该顺其自然，坚持去做自己能做的事。当然，顺其自然不是说放任自流、无所作为，而是一方面对自己的症状和情绪自然接受，另一方面靠自身的努力带着症状去做自己更应该做的事。

从某种程度上说，森田疗法并不是一种方法，而是一种境界。很多人初次接触这种方法时觉得其“缺乏可操作性”，不知道具体该怎么做。其实，森田疗法的关键在于领悟，让自己的心理发生变化，从而达到一种境界。患有焦虑症的人总是会询问自己该做点什么。其实，也许什么都不做更能解决问题。这就是森田疗法的核心。

在这里，我们可以用一个比喻来说明。一杯混浊的水，如何才能让其澄清呢？如果我们用力摇晃杯子或者用筷子搅动杯子里的水，结果只能使水变得更加浑浊。而如果我们什么也不做，什么也不管，只是让这杯水静静地放在那里，过一会儿这杯水就会自动澄清了。这就是森田疗法顺应自然的哲学思想，一种无为而治的理念。

森田疗法适用于个人，但如果在专业医生的引导下，效果会更好。通常情况下，医生会采用下面几个步骤对患者进行治疗。

一、治疗导入期

在这一时期，医生主要是向患者讲解森田疗法的基本理论。他会告诉患者，所有的不适都是一种自我感受而不是病，只有“保持原状，顺其自然”，不为其所扰，才能使种种感受自消自灭。焦虑症的内在原因在于一种叫作“神经质”的东西。这种东西的特质是内向性、强烈的自我意识、过度地追求尽善尽美及过分渴望生活美满。具有这种特征的人，当他遇到生活环境的改变，甚至只是很轻微的精神创伤时就容易产生焦虑。当产生焦虑后，越注意焦虑，焦虑就越严重，从而形成恶性循环。森田把这一过程叫作精神交互作用。森田疗法就是要解决这种主客观的矛盾，破坏其交互作用。另外，医生会建立患者的治疗信心，告诉患者森田疗法的治疗效果非常好，只要按照要求去做，患者的焦虑症就会痊愈。

二、绝对休息期

这一时期，医生会要求患者静静地躺在病床上，不许看书，不许听音乐，不许和任何人谈话。医生也不进行讲解或指导，只告诉患者不管出现什么情况都要忍耐和坚持下去。

三、轻微活动期

绝对休息期过后，虽然患者仍然不能看书、听音乐和谈话，但白天可以到室外去散散步，晚上需要写日记。这样，患者会有一种被解放的愉快情绪，对周围的环境产生新鲜的感觉。

四、普通活动期

医生每天给患者安排活动任务，比如打羽毛球、折纸、擦玻璃和洗衣服等。

此期间允许患者看一些有助于愉悦心情的书刊，也可以听音乐。患者每天晚间要把日记交给医生批阅。医生会告诉患者，如果能带着自身的焦虑症单方面去参加那些安排的活动，就能忍受症状的存在，从而逐渐达到“顺其自然”的状态。

五、强化体验期

在这一时期内，医生要和患者接触两次：第一次是交日记，第二次是听患者的讲述，进一步强化患者所得到的体验。

通过多次体验，当患者能放下焦虑去参加活动时，也就基本达到了治疗的效果。

总之，森田疗法重在让患者去实践，去体验，去感受，去领悟，然后再实践，再体会，最后形成自己的东西。当我们悟透了，也就逐渐掌握了森田疗法，也就真正地走出了焦虑的困扰。

第十二章

用锻炼和饮食来缓解焦虑

积极的锻炼和适当的饮食，能有效地缓解焦虑。研究发现，经常锻炼有助身体释放让人愉悦的内啡肽，有益于提升情绪。

俗话说："药食同源。"只要饮食得当，就能摄取各种有益于缓解焦虑的物质。而且，通过饮食缓解焦虑也是人们非常乐意接受的方式。

锻炼能缓解焦虑

运动锻炼对减少焦虑是非常有效的。一般的运动锻炼包括慢跑、骑自行车、游泳、跳绳等。

一、慢跑

慢跑是最简便的锻炼项目，而且能有效缓解焦虑。我们来看一下下面这位慢跑者的分享：

我曾经患过严重的焦虑症，情况非常糟糕。当时江湖郎中看过，正规的大医院也看过，但治疗效果都不明显。然而，期间服用的药物的副作用却很明显，如食欲不振，嗜睡，身体虚弱……

最终，让我从噩梦中走出来的是慢跑。

我发现，慢跑一点也不无聊，充满了成就感。

一边慢跑一边想事情，越想越带劲，我整个人变得积极乐观多了。

我不用吃安眠药也能每天睡个好觉了。

我不但体形好看了，而且似乎变得聪明了不少。

当然，慢跑的好处是有一定的科学依据的，并非随便说说：

慢跑能消耗多余的热量；

慢跑能释放肌肉的紧张，消耗多余的肾上腺素，从而降低焦虑；

慢跑会使心脏收缩时血液输出量增加，降低血压，增加血液中高密度脂蛋白胆固醇的含量，提升身体的作业能力；

慢跑可以加快体内的新陈代谢，延缓身体功能老化的速度，并可将体内的毒素等多余物质随汗液及尿液排出体外；

慢跑能减轻心理压力，提高大脑 5- 羟色胺的水平和内啡肽的分泌，进而抵制焦虑和抑郁的侵袭。

慢跑需要注意以下几点：

需要购置一双质量好的运动鞋，这样可以让关节受到的冲击降到最小；

尽量避免在坚硬的地面上跑步；

如果因为某些原因而无法在户外运动的话，可以在阳台或者跑步机上跑步，最好选择草地、土路或结实的海滩；

一定要坚持下去，不能跑上几天就放弃了或者三天打鱼两天晒网。

二、骑自行车

骑自行车和跑步一样，也是一种能缓解压力和焦虑，改善心肺功能，提高身体素质的运动。而且，现在共享单车发展得很快，到处都是自行车，只要 1 元钱，甚至不用花钱就能使用，非常方便实惠。

骑自行车的好处有：

会使身体分泌激素内啡肽，让人产生一种满意和幸福的感觉；

能预防大脑老化，提高神经系统的敏捷性，具有减压醒脑的功能；

能提高心肺功能，锻炼下肢肌力，增强全身的耐力。

骑自行车需要注意以下几点：

选择一辆合适的自行车，当然正确的骑车姿势也是要注意的；

骑车要戴头盔，尽量避免晚上骑车，注意骑行的天气和道路状况；

车速不能太慢，大约每小时 24 公里，否则效果不明显。

三、游泳

游泳也是一项特别好的运动。它的好处主要体现在以下几个方面：

增强心肌功能；

绝大多数人对水有一种天然的亲近感，在水中运动、嬉戏会给人带来很大的愉悦感；

经常游泳的人，体形会更匀称健美，给人有活力的感觉。

游泳需要注意以下几点：

下水前要做好热身运动，不能贸然跳入水中，以免出现损伤；

游完泳要及时洗澡、漱口，因为泳池通常会用氯消毒，如果不及时清洗会对人体造成伤害。

四、跳绳

跳绳比较简单便利，几乎不受环境限制，室内室外都可以，而且器具购买方便便宜，一般超市都有售卖。更为重要的是，跳绳的锻炼效果很好，所以就有“跳一跳，十年少”的说法。

具体而言，跳绳的好处有以下几点：

跳绳可以促进循环，通经活络，使人精神舒适，行走有力；

跳绳能增强人体心血管、呼吸和神经系统的功能。研究证实，跳绳可以预防诸如糖尿病、关节炎、肥胖症、骨质疏松、高血压、抑郁症等多种疾病。对哺乳期和绝经期妇女来说，跳绳还兼有放松情绪的积极作用，因而也有利于女性的心理健康，对于焦虑症患者也大有裨益。

跳绳需要注意以下几点：

在绳子的选择方面，初学者宜用硬一点的绳子，熟练后可改为软绳；

在鞋子的选择方面，以轻便、高帮为宜；

在场地的选择方面，软硬适中的草坪、木质地板的场地较好。

每个人的具体情况不尽相同，我们要选择适合自己的锻炼方式。只要方法得当，加之不断坚持，我们就一定不会再受焦虑的困扰了。

来一场说走就走的旅行

卢珊是上海一家著名企业的中层管理人员，虽然薪酬待遇很好，但工作压力非常大。曾有一段时间，她感到非常压抑，焦虑不已。她试图调整自己，也吃了一些药，但作用不是很大。于是，她决定休息一段时间，出去旅行。

卢珊决定先去南京看演唱会，然后在附近玩一下。她独自一人前往，第一次自己睡酒店，第一次一个人旅行。

摆脱了工作的压力和各种人际关系的烦扰，卢珊感到非常轻松。返程的那天，她想先去景区转一转，然后再去火车站。没想到，她在景区里迷了路。而此时距离回上海的火车发车时间只有20分钟了。面对这种情况，卢珊以为自己的焦虑症又会发作了，结果什么也没有发生。她觉得自己的心情很平静，心想错过就错过吧，大不了坐下一班车。这是她最近一段时间第一次遇到麻烦事没有感到焦虑。

自从旅行归来，原本一直陷在焦虑情绪中的卢珊好像完全变了一个人。

确实，轻松的旅行对缓解焦虑有很大的帮助。现如今，社会环境比较浮躁，竞争激烈，压力巨大，人们很容易出现抑郁、焦虑、躁狂等症状。我们完全可以安排好时间，给自己一个轻松旅游的机会，以调整焦虑不堪的情绪。

焦虑的突出特点是看任何问题都从消极、悲观的角度出发，遇事爱往坏处想，容易丧失信心；不愿与他人交往，少言寡语；自寻烦恼，情绪低落。而旅游可以让人脱离造成焦虑的恶劣生活环境，使人获得心理学上所谓的“移情易性”的效果。

在旅游的过程中，人的注意力往往会转移到那些应接不暇的车船、山川、都市和陌生的人际交往中。轻松惬意、五光十色的旅游生活，将会使人忘掉那些不愉快的事,尽情地宣泄胸中的积郁,享受身上的轻松愉快。在自然界中,奇峰峻岭、流泉飞瀑以及葱郁苍翠的森林和广阔无垠的草原等，都能使人不由自主地开阔胸怀，放松心情。

马克思曾说:“一种美好的心情比十剂良药更能解除生理上的痛楚和疲惫。”可见，旅游是焦虑症康复的良方。

走进森林、深入岩洞、登上高山，对缓解焦虑有非常好的效果。

有一点我们需要注意，那就是要选择到阳光充足、空气清新、有绿色植物、有水源水流的地方去徒步旅行，不要选择阴暗、恐怖、人群拥挤的景点，否则有可能会加重我们焦虑的情绪。

休闲娱乐

人们一提到休闲娱乐，就会想到玩，许多人也认为休闲娱乐就是尽情地玩。这确实是娱乐的一个方面,但娱乐还有更深层的含义。“娱”字在古代又通“悟”，领悟的“悟”。“娱”是一种领悟之后的情绪；而“乐”，在甲骨文中是成熟的麦子的意思，所以娱乐是领悟之后的感受和成熟之后的喜悦。由此可见，娱乐的真正价值是让自己释放压力，缓解焦虑，领略到生活中美好的、值得享受的内容，从而恢复对生活和工作的激情和热爱。

没有理解休闲娱乐真意的人，才会毫无节制地通宵打麻将、玩游戏、唱歌、跳舞，把休闲娱乐当成了一种放纵。如此一来，休闲娱乐就失去了真正的意义，收获的只能是更累，更焦虑，更空虚。

我们在休闲娱乐的时候一定要选对方式，保持克制。这样，休闲娱乐才会成为缓解压力和焦虑的好工具。比如玩电子游戏，大家都知道完全沉迷其中危害很大，但如果适当地玩一些休闲类的小游戏则会起到减轻压力、降低焦虑的效果。

加利福尼亚大学曾经做过一项研究，发现适当玩一些非暴力类游戏可以适度缓解忧郁症，实验组中缓解率达到57%。

项目组对59名成人忧郁症患者进行了研究。他们把患者分为两组：实验组和控制组。实验组的人平均每天可以玩40分钟的游戏，而控制组却不能玩游戏。

一个月后，他们发现，实验组的人的忧郁症明显减轻了。

研究者这样写道："随机调查的结果显示，休闲游戏在该项研究中有价值，并对抑郁症和焦虑症有积极影响。""我们认为，这些发现可以帮助我们找出哪些游戏对忧郁症和焦虑症治疗有效，甚至可以替代药物治疗。"

当然，休闲娱乐的方式非常多，我们下面介绍几种对缓解焦虑效果比较明显的项目。

一、做SPA

SPA也叫水疗，是指利用水资源结合沐浴、按摩、涂抹保养品和香熏来促进新陈代谢，满足人体视觉、触觉和嗅觉而达到一种身心畅快的享受，具有舒缓减压，帮助人达到身、心、灵的健美效果。我们可以选择最合算的价格，预订一小时的按摩。

二、泡泡浴

与传统的水浴相比，泡泡浴对皮肤的刺激更广泛、更持续。我们可以把灯关上，在浴缸中倒一些浴盐或泡沫沐浴液，再放入一只精油球，然后躺在里面，把白天的烦恼抛在脑后，泡在热水里慢慢享受。

三、香薰蜡烛

香薰蜡烛属于工艺蜡烛的一种。它的外形丰富多姿，色彩美轮美奂，其蕴含的天然植物精油，燃烧时散发出怡人的清香，具有美容保健、舒缓神经、净化空气、消除异味之功效。休息时，我们可以点一根香薰蜡烛，让自己得到彻底的放松。

缓解焦虑的 8 种食物

除了冥想、锻炼等方法可以缓解焦虑外，食疗也可以。也就是说，如果选择合适的食物，吃法得当，也能缓解焦虑。当然，如果能结合心理调节，自我疏导，效果会更好。

当出现焦虑时，我们要意识到这是焦虑心理，要正视它，不要用自认为合理的其他理由来掩饰它的存在。同时，我们还要树立起消除焦虑心理的信心，充分调动主观能动性，运用注意力转移的原理，及时消除焦虑。当我们的注意力转移到新的事物上去时，新的体验有可能就会驱逐和取代焦虑心理。

接着我们再运用食疗，双管齐下，便能让我们走出焦虑。下面，我们来介绍一下 8 种能够缓解焦虑的食物。

一、菠菜

菠菜含丰富的叶酸。科学研究发现，人体缺乏叶酸会导致大脑中的血清素减少，引起焦虑、失眠等症状。因此，焦虑症患者多补充叶酸能够有效地缓解病情。很多绿色蔬菜中都含有叶酸，其中菠菜里的叶酸含量最为丰富。

二、大蒜

德国的一项研究表明，焦虑症患者在吃了大蒜之后，原来的疲倦、易怒、焦躁等症状会得以大大减轻。

三、樱桃

樱桃含有的花青素能够有效地降低炎症的发生，还有改善睡眠的功效。对于有顽固性失眠的焦虑症患者来说，多吃樱桃是一个很不错的选择。

四、低脂牛奶

低脂牛奶能够减轻紧张、暴躁、焦虑等症状。有实验证明，让100名焦虑症患者连续食用低脂牛奶3个月后，80个的人的焦虑症症状会有明显好转。

五、全麦面包

当一个人焦虑时，摄取的碳水化合物可以通过增加血液中的5-羟色胺和头脑中的神经递质的含量，使人变得镇定。而全麦面包的消化时间长，它的镇定效果也会更持久。

六、香蕉

香蕉中含有生物碱，可以振奋人的精神，提高人的自信心，同时香蕉中含有大量的色素胺与维生素B_6，这些都可以帮助大脑制造出血清素，从而使人精神振奋，减少焦虑的发生。

七、深海鱼

研究显示，居住在海边的人的幸福感更强。这不仅仅是因为大海让人心情舒畅，还在于海边的人经常吃鱼。哈佛大学的研究指出，深海鱼中的Omega-3脂肪酸与常用的抗忧郁药如碳酸锂有类似的作用，能阻断神经传导路径，增加血清素的分泌量。

八、葡萄柚

葡萄柚里含有丰富的维生素C，不仅可以维持红血球的浓度，使身体具有较强的抗压性，还是制造多巴胺与肾上腺素的重要原料。

焦虑时不能吃这些食物

事物都有两面性，通过食疗缓解焦虑也一样。有些食物能够缓解焦虑，而有些食物则会加重焦虑。对于焦虑症患者而言，千万不能吃下面这些食物和饮料。

一、太甜的食物

太甜的食物，加糖巧克力、奶酥面包、精制蛋糕等含有很高的糖分，虽然可以在短时间内发挥镇静情绪的作用，但因为含糖食物会快速被肠胃吸收，造成血糖急剧上升又下降，反而会让我们的精神更加不济，也影响情绪的平稳。

二、高脂食物

冰淇淋、炸鸡、薯条、汉堡等食物的脂肪含量高，吃后容易让人昏昏欲睡，更加提不起精神。若和含咖啡因的咖啡、奶茶一起吃，不但会让人觉得非常疲惫，还会影响晚上的睡眠质量。

三、高盐分的食品

一些罐头食品，还有香肠、卤味等腌制品，只要是含盐量较高的食物如果在焦虑的时候食用会让人的身体循环能力减弱，从而减慢新陈代谢，让人的精神显得更加疲惫。

四、辛辣的食物

辛辣的食物会给人造成很大的刺激，从而干扰睡眠。

五、咖啡因饮料

适量饮用含咖啡因的饮料可使人的精神变得愉快，也能舒缓紧张感。但是当我们喝得太多时，就会使肾上腺素增加分泌。这不仅没有好处，反而会让我们更加容易感到烦躁，而且咖啡因饮料还会严重影响我们的睡眠质量。

对于以上这些食物和饮料，当我们出现焦虑时一定要注意，最好不宜食用。

附 录

缓解焦虑的23个小窍门

一、试着去微笑

微笑是灵丹妙药，可以化解不良情绪，让焦虑消失。

被人误解时微微一笑，是一种素养；受委屈时坦然一笑，是一种大度；吃亏时开心一笑，是一种豁达；处于窘境时自嘲一笑，是一种智慧；无奈时达观一笑，是一种境界；危难时泰然一笑，是一种大气；被诋毁时平静一笑，是一种自信；失意时轻轻一笑，是一种洒脱。无论遇到什么事情，请试着去微笑面对！因为我们再抱怨、再焦虑，那些事情也不会因我们内心的不快而改变。如果整天苦着脸，一副苦大仇深的样子，或者总是担忧明天的风险，抹不去昨天的阴影，这根本无助于问题的解决，反而会形成障碍，有害无益。

所以，当我们感到焦虑时，一定要试着去微笑。即使感到这样做很困难，我们也要努力找到微笑的理由。

二、去看日落日出

“日出”象征着生命的新生和壮美，而“日落”象征着生命落幕的同时，更有对明天的美好期待。

当我们感到焦虑时，可以去看一看日落日出，感受一下大自然的生命与活力，以及开始与结束不断交替的过程。当红彤彤的太阳从远方的地平线一跃而出时，我们一定能体会到什么才是美好的事物，而且全身充满了力量，找回生活的勇气与战胜困难的信心。当看到落日的余晖洒满天空，到处透着苍茫与悠远，我们一定会对人生有更多的体悟，能看开更多的事情，获得内心的平和与宁静。

三、吃一些自己喜欢的小零食

吃是一件很愉快的事情，当吃到自己喜欢的东西时总能让人的心情变好。有心理学家曾做过实验，发现吃饭时人的心情会很放松，愉悦指数也很高。

所以，当我们感到压力过大、焦虑不安时，不妨犒劳一下自己，吃点自己喜欢的小零食，既不会耽误太多时间，又可以缓解不好的情绪。

四、在空旷的野外或者高处大声吼叫

大声吼叫是发泄情绪的一种方式。当我们感到焦虑不已、烦乱不堪的时候，可以找一个空旷的野外或者登上附近的高处，比如山顶、楼顶等地方，放开嗓子大声喊叫。声音的迅速扩散会给人一种舒展的感觉。人身处这样的环境中，就像被放归自然的小鸟，很容易体会到“被治愈”的心态。在大喊的过程中，我们会感觉到各种不愉快、压力、痛苦都会随着破喉而出的声音冲出体外，飘向遥远的天空。

五、进行自我反省

有时，因为现实或者自身情况不允许，人们会压抑某些情绪体验或欲望，使其得到控制。但是，这些情绪体验或欲望并没有消失，只是潜伏到无意识中去了。当某种诱因出现之后，它们就会爆发，从而产生焦虑。在这种情况下，我们必须进行自我反省，找到深藏的内在原因，把潜意识中引起焦虑或痛苦的事情诉说出来。我们也可以进行发泄，发泄后症状通常会消失。

六、咀嚼口香糖

在国外，有研究者使用脑电图技术扫描发现，咀嚼口香糖可引起 α 脑波增强，而 α 脑波的减弱与紧张焦虑情绪密切相关；另外，还有关于唾液皮质醇的研究也证实，咀嚼口香糖时，与压力感成正比的唾液皮质醇水平明显降低。因此，当我们感到焦虑时，可以通过咀嚼口香糖来缓解。我们会发现有些运动员在比赛时嚼口香糖，其实，他们就是在缓解压力和焦虑。

七、把焦虑写在纸上

很多时候，人们产生焦虑是因为心中的压力、担忧或者想法得不到倾听和抒发。其原因也许是找不到合适的倾诉对象，也许是没法或者羞于向别人说。面对这种焦虑，我们可以随身准备一个小笔记本，将压力和心理体验全部详细地写下来。如此一来，烦恼一旦得到抒发，焦虑就会大大减轻。

八、吹大拇指

有心理学专家研究发现，控制心率的交感神经可以通过呼吸来调节，而向大拇指吹气就是在调节呼吸。吹大拇指能起到平静脉搏、降低心率的作用，从而消除紧张和焦虑。另外，吹大拇指也能转移注意力，降低紧张和焦虑。

九、数颜色

用数颜色来缓解焦虑，其目的是为了转移注意力。这种方法可以让我们把精力从“情绪”的泥潭中解放出来。

数颜色的方法非常简便，随时随地都能使用。比如，当我们因为工作上的某事而焦躁的时候，我们可以停止工作，坐在办公桌前，观察办公室里面的各种颜色：棕色的桌面、雪白的墙壁、黑色的电脑显示器、同事红色的上衣、盆景中绿色的叶子……当我们把注意力集中到眼前事物的颜色上时，焦躁感就会逐渐消失。

十、停下来，好好想想

当我们走得太快的时候，应该停下来，让灵魂跟上脚步。许多烦恼和焦虑来自无休止的盲目追求。我们应该放慢脚步，和灵魂同行，在内心深处好好地想一想，自己到底在追求什么。我们不能迷失，要等想清楚了再迈步前进。

十一、忍痛放弃

我们提倡坚持，但并不排斥放弃。有些事情坚持没有任何意义，只会徒增烦恼和痛苦，只能让自己焦虑不已，这时放弃是最明智的选择。放弃就是刷新生命，清理垃圾，扩大内存，能让我们拥有更广阔的生活空间，行走在更宽广的道路上。

所以，我们不要因为那些错误的目标而焦虑，并为此付出大量的心血和努力。

当我们重新找到目标之后，激情、快乐、幸福都会回来，并成为我们前进的动力。

十二、离开你的座椅，哪怕就一小会儿

当工作累了或者感到压力巨大时，很多人采用的放松方式就是把自己从直立的坐姿变成仰躺的样子，但他的屁股始终没有离开椅子，思绪仍然停留在电脑屏幕面前。其实，这是一个很不好的习惯。我们要学会离开自己的座椅，给身体一个呼吸新鲜空气的机会，哪怕只去茶水间冲一杯咖啡或者站在窗前看一小会儿绿色的树叶。不要小看这短暂的几分钟，也许再次回到工作状态时，我们已经力量十足了，也许我们会欣喜地发现正在困扰自己的问题有了解决的新灵感。

十三、自嘲

当我们被坏情绪缠身，感到焦躁不已的时候，不妨试着用阿 Q 精神自嘲一番。等到把自己逗笑了或者感到无奈的时候，我们就会呈现“随它去吧”的心境，在不知不觉中那些忧愁烦恼已经烟消云散了。

自嘲是一种有益于身心健康的心理防御机制，能调适人们失衡的心理，营造一个坦然、豁达、轻松、宁静的心理氛围。

事实上，我们很多人对于不好的事情总是难以释怀，因而产生焦虑和痛苦。如果我们能自嘲一下，情况就会好很多。

有一位著名的学者，个子比较矮。在一次聚会上，他的妻子取笑他的个子，他并没有生气，而是笑眯眯地说：“我看还是矮点好，我如果不是一米五七，现在能够著作等身吗？如果不是我身短力小，我们打架时你能场场取得胜利吗？如果不是我身材短小，你能优越地说我矮吗？”这话一说完，全场叫绝，纷纷鼓掌。如果这位学者和妻子较真，不懂得自嘲，那最终获得的只能是尴尬和恼怒，不可能是掌声。

十四、自我催眠

焦虑症患者大多会把白天的坏情绪带到晚上，从而导致睡眠障碍，出现失眠、多梦的情况或者很容易突然从梦中惊醒。

面对这种情况，我们可以进行自我暗示催眠。比如，在心里默默地对自己说：

我很困，今天太累了，5分钟之后我就会沉沉地睡去，进入美妙的梦乡……这样就很容易平复情绪，缓解焦虑，尽快睡着。

十五、每天阅读30分钟

阅读具有修复情绪的功能。当我们沉浸在阅读中时，大脑的求知程序就会完全开启，现实的焦虑就会被排除在外。

所以，我们可以准备一些自己喜欢的书，每天阅读30分钟。如此一来，焦虑的困扰自然就会消除。

十六、尝试着去帮助别人

人们常说："助人为乐。"确实，帮助别人会让人产生愉悦感和成就感，从而转移或战胜内在的紧张情绪。所以，当我们感到焦虑的时候，可以尝试着为别人提供帮助，比如参加各种公益活动、义务劳动等。

十七、深呼吸

深呼吸有助于一个人稳定情绪和平复心情。

当我们感到紧张和焦躁的时候，这种情绪不仅仅体现在意识上，而且会体现到生理上，比如心跳加剧，神情紧张，心烦意乱，不能安心。这时我们就可以深呼吸，以此来稳定情绪。

十八、照镜子，做鬼脸

当我们生气或者担忧时，不妨看看镜子里的自己。当看到那张因愤怒而扭曲了的脸或者因忧虑而死气沉沉、晦暗无光的脸时，我们一定会认为那是所有人都不欢迎的脸，包括自己。

这时，我们可以通过做鬼脸来调节气氛，比如歪嘴扭唇、抬鼻斜眼等。这样做一方面能让脸部的肌肉得到放松；另一方面，当看到自己的古怪模样，我们一定会忍不住发笑，如此焦虑就会消失。

十九、挤压小球

挤压小球可以有效舒缓压力，缓解焦虑症。我们可以随身准备一个能随意挤压、揉捏的小球，当感到焦虑或者压力过大时，就拿出来用力挤压，并暗示自己已将压力挤压出来了，随后，你会发现自己的焦虑症症状明显减轻了。

需要注意的是，不一定是小球，只要是能挤压的小物件就可以。

二十、远离“垃圾人”

什么是“垃圾人”？主要是指身上充满了情绪垃圾的人。这些情绪垃圾包括沮丧、愤怒、忌妒、算计、仇恨、傲慢与偏见、贪心、抱怨、比较、愚昧、烦恼、失望……它们极具杀伤力，四处漂移，而且终需找个地方倾倒、传染和转移。如果我们距离这些人太近，稍不留神，就会成为他们倾倒“垃圾”的对象，最终使我们受到感染，也沾染一身“垃圾”味。

近朱者赤，近墨者黑。所以，我们一定要远离“垃圾人”，多接近拥有正能量、乐观向上的人。这样，我们的焦虑才会得到缓解，而不是加剧。

二十一、看漫画

漫画夸张、有趣，能使人心情开朗，对缓解压力和焦虑有一定的作用。

所以，当我们感到焦虑的时候，可以寻找一些漫画作品来翻看。其实，许多人要面对激烈的社会竞争，压力很大，心态比较浮躁，而简明的漫画能让人在枯燥的竞争中找到平静的空间。

二十二、不要总想“如果当初”

在现实生活中，人常常会有悔恨心理。其实，拥有轻微的悔恨心理很正常。但如果过度悔恨，则会出现问题，产生焦虑。比如，有些人总是放不下以前发生的事情，每想一次后悔一次，总想着如果当初不那样就好了。

其实，我们完全没必要悔不当初，因为这个世界上没有后悔药，再后悔也没有用，只会让自己痛苦难受。

所以，我们要告诉自己生活是朝前走的，不是倒退的，过去的就让它过去吧，何必与以前过不去，何必与自己过不去，完全没必要。我们要定期对记忆进行删除，把不愉快的人和事从记忆中摈弃掉。

二十三、想一想自己的伴侣

加拿大的西安大略大学有一个研究团队。他们研究发现，当人们回想伴侣时，会产生一种良性应激反应，这种欣慰的感受与焦虑不安的压力困境以及疲劳感形成了鲜明的对比。这种生理上的变化正是人们所谓的“爱情的力量”。科学家解释道，从本质上来说，爱情会让人产生一种生理和心理上的冲动，这种冲动会与积极的情绪联系在一起，从而起到消除疲劳感和焦虑感，提升正能量的作用。

所以，当我们感到疲劳和焦虑不安时，可以闭上眼睛，花片刻时间想一想自己的伴侣，这样就会让我们感觉好很多。